Jyoti Kataria

Pesquisa baseada em IA: O futuro do marketing dos motores de busca

Jyoti Kataria

Pesquisa baseada em IA: O futuro do marketing dos motores de busca

ScienciaScripts

Imprint
Any brand names and product names mentioned in this book are subject to trademark, brand or patent protection and are trademarks or registered trademarks of their respective holders. The use of brand names, product names, common names, trade names, product descriptions etc. even without a particular marking in this work is in no way to be construed to mean that such names may be regarded as unrestricted in respect of trademark and brand protection legislation and could thus be used by anyone.

Cover image: www.ingimage.com

This book is a translation from the original published under ISBN 978-620-7-47737-1.

Publisher:
Sciencia Scripts
is a trademark of
Dodo Books Indian Ocean Ltd. and OmniScriptum S.R.L publishing group

120 High Road, East Finchley, London, N2 9ED, United Kingdom
Str. Armeneasca 28/1, office 1, Chisinau MD-2012, Republic of Moldova, Europe
Printed at: see last page
ISBN: 978-620-8-13140-1

Pesquisa baseada em IA: O futuro do marketing dos motores de busca

Sra. Jyoti Kataria

Universidade K.R. Mangalam, Gurugram, Haryana-122103, Índia

PREFÁCIO

Neste livro, embarcamos numa viagem ao cenário em rápida evolução do marketing digital, onde a fusão da Inteligência Artificial (IA) e do Marketing dos Motores de Pesquisa (SEM) está a remodelar a forma como as empresas se relacionam com os consumidores online. O aparecimento de tecnologias de IA provocou uma mudança de paradigma na forma como os motores de busca compreendem e interpretam as consultas dos utilizadores, fornecem resultados de pesquisa e facilitam as interacções em linha. À medida que as empresas navegam nesta era transformadora, compreender a interseção da IA e do SEM é fundamental para se manter à frente da curva e gerar resultados significativos no espaço digital. Aprofundamos os conceitos fundamentais da IA e do SEM, examinando como estas disciplinas convergem para desbloquear novas oportunidades para as empresas se envolverem com os seus públicos-alvo e obterem resultados mensuráveis. Ao longo do livro, descobriremos o funcionamento interno dos algoritmos de pesquisa orientados para a IA, exploraremos estratégias práticas para tirar partido da IA em campanhas de SEM e espreitaremos a bola de cristal para vislumbrar as tendências futuras que irão moldar o panorama do marketing digital nos próximos anos. O livro procura aprofundar os seus conhecimentos sobre a pesquisa baseada em IA ou um líder empresarial que pretenda aproveitar o potencial transformador da IA nos seus esforços de marketing.

Sra. Jyoti Kataria

CONTEÚDO

CAPÍTULO 1

Introdução ao marketing nos motores de busca

Introdução

O marketing para motores de busca (SEM) é uma pedra angular no domínio do marketing digital, exercendo um poder imenso na definição da visibilidade online e do sucesso das empresas. Na sua essência, o SEM engloba uma abordagem multifacetada à promoção de sítios Web, aumentando a sua visibilidade nas páginas de resultados dos motores de busca (SERPs) através de publicidade paga e de estratégias de otimização dos motores de busca (SEO). Este domínio dinâmico registou um crescimento e uma evolução exponenciais, impulsionados pelos avanços tecnológicos e pelas mudanças no comportamento dos consumidores.

No centro do SEM está o conceito de aproveitar os motores de busca como plataformas poderosas para ligar as empresas ao seu público-alvo. Com milhares de milhões de pesquisas efectuadas diariamente em motores de busca como o Google, o Bing e o Yahoo, o alcance potencial e o impacto das campanhas de SEM são incomparáveis. Através da segmentação estratégica de palavras-chave, de um texto publicitário apelativo e de estratégias de licitação eficazes, as empresas podem posicionar-se de forma proeminente nos resultados de pesquisa, conduzindo tráfego relevante para os seus sítios Web e, em última análise, atingindo os seus objectivos de marketing.

Um dos componentes fundamentais do SEM é a publicidade pay-per-click (PPC), um modelo em que os anunciantes pagam uma taxa cada vez que o seu anúncio é clicado. Este modelo de publicidade, exemplificado por plataformas como o Google Ads e o Bing Ads, oferece às empresas um controlo sem paralelo sobre o seu orçamento de marketing e os parâmetros de segmentação. Os anunciantes podem criar meticulosamente as suas campanhas, especificando factores como palavras-chave, dados demográficos, localizações geográficas e tipos de dispositivos para garantir que os seus anúncios chegam aos segmentos de público mais relevantes.

A complementar a publicidade PPC está o domínio da otimização para motores de busca (SEO), que se centra na otimização de sítios Web para serem classificados organicamente nos resultados dos motores de busca. Ao contrário do PPC, que envolve o pagamento pela colocação, a SEO esforça-se por aumentar a visibilidade de um sítio Web através de técnicas como a otimização de conteúdos, a criação de ligações e melhorias técnicas. Ao alinharem-se com os factores de classificação dos algoritmos dos motores de busca, as empresas podem subir nas classificações dos motores de busca e garantir posições cobiçadas no topo dos SERPs, conduzindo assim o tráfego orgânico e reforçando a sua presença online.

A sinergia entre a publicidade PPC e a SEO constitui a base de uma estratégia SEM sólida. Enquanto o PPC proporciona visibilidade imediata e controlo sobre a colocação de anúncios, a SEO estabelece as bases para um sucesso sustentável e a longo prazo, promovendo o crescimento orgânico e a autoridade nos motores de busca. Além disso, as informações recolhidas das campanhas PPC, como o desempenho das palavras-chave e o comportamento dos utilizadores, podem informar e melhorar as iniciativas de SEO, promovendo uma relação simbiótica entre as duas disciplinas.

No cenário em constante evolução do SEM, manter-se a par das tendências e práticas recomendadas do setor é fundamental. O advento da tecnologia móvel, da pesquisa por voz e da inteligência artificial (IA) trouxe novos caminhos e desafios para os profissionais de SEM. A otimização móvel tornou-se imperativa, uma vez que uma parte significativa das pesquisas tem agora origem em dispositivos móveis. A pesquisa por voz, facilitada por assistentes virtuais como Siri e Alexa, reformulou as consultas de pesquisa, exigindo uma mudança para palavras-chave mais conversacionais e de cauda longa.

Além disso, a integração da IA no SEM revolucionou a gestão e a otimização das campanhas. Os algoritmos baseados em IA, como o RankBrain do Google, analisam grandes quantidades de dados para fornecer resultados de pesquisa mais relevantes e refinar a segmentação de anúncios. Os algoritmos de aprendizagem automática optimizam as estratégias de licitação, os posicionamentos de anúncios e a segmentação do público, aumentando a eficiência e a eficácia das campanhas de SEM. Além disso, as ferramentas e plataformas baseadas em IA simplificam tarefas como pesquisa de palavras-chave, geração de textos de anúncios e análise de desempenho, permitindo que os profissionais de marketing tomem decisões baseadas em dados e obtenham resultados superiores.

No entanto, entre as inúmeras oportunidades oferecidas pelo SEM, os desafios surgem no horizonte. A concorrência pelo espaço publicitário é mais feroz do que nunca, aumentando os custos e exigindo uma abordagem diferenciada à gestão das campanhas. Os anunciantes têm de enfrentar o cansaço dos anúncios, a saturação das audiências e a evolução das preferências dos consumidores, o que exige uma adaptação e inovação contínuas para manter a relevância e a eficácia.

As considerações éticas também vêm à tona, particularmente no que diz respeito à privacidade dos dados, à transparência dos anúncios e aos preconceitos algorítmicos. Os profissionais de marketing devem navegar por estas complexidades com integridade e responsabilidade, dando prioridade à confiança e à experiência do utilizador em detrimento dos ganhos a curto prazo. Além disso, à medida que os motores de busca evoluem e aperfeiçoam os seus algoritmos, os profissionais de marketing devem manter-se vigilantes e ágeis, ajustando as suas estratégias para se alinharem com a evolução dos comportamentos e preferências de pesquisa.

O marketing dos motores de busca é uma ferramenta dinâmica e indispensável no arsenal dos profissionais de marketing modernos. Ao aproveitarem o poder dos motores de busca, as empresas podem aumentar a sua visibilidade online, atrair contactos qualificados e obter resultados mensuráveis. Seja através de publicidade PPC, otimização SEO ou integração de tecnologias orientadas para a IA, o SEM oferece oportunidades ilimitadas para as empresas prosperarem no panorama digital. No entanto, o sucesso no SEM exige mais do que apenas proficiência técnica - exige previsão estratégica, criatividade e uma compreensão profunda do comportamento do consumidor. À medida que o ecossistema digital continua a evoluir, abraçar a inovação e a adaptação será a chave para desbloquear todo o potencial do Search Engine Marketing para impulsionar o crescimento e o sucesso do negócio.

O papel do marketing nos motores de busca no marketing digital

No panorama em constante evolução do marketing digital, há um aspeto que reina supremo: o SEM. Tornou-se a pedra angular da visibilidade online e das estratégias de aquisição de clientes para empresas de todas as dimensões. À medida que a Internet continua a expandir-se e a evoluir, a importância do SEM não pode ser sobrestimada.

Antes de mais, o SEM engloba uma série de estratégias destinadas a aumentar a visibilidade de um sítio Web nas páginas de resultados dos motores de busca (SERPs) através de publicidade paga e técnicas de otimização. Na sua essência, o SEM gira em torno de dois pilares principais: Otimização para motores de busca (SEO) e publicidade Pay-Per-Click (PPC). A SEO envolve a otimização do conteúdo, da estrutura e dos elementos de backend de um website para melhorar a sua classificação orgânica (não paga) nos motores de busca. Por outro lado, a publicidade PPC permite que as empresas licitem palavras-chave relevantes para os seus produtos ou serviços, apresentando anúncios de forma proeminente nos resultados de pesquisa e pagando apenas quando os utilizadores clicam nos seus anúncios.

Uma das principais razões pelas quais o SEM tem uma importância tão grande no marketing digital é a sua capacidade inigualável de ligar as empresas ao seu público-alvo no momento exato da intenção. Ao contrário das formas tradicionais de publicidade, em que as mensagens são transmitidas a um vasto público com diferentes graus de relevância e interesse, o SEM permite que as empresas visem utilizadores que procuram ativamente produtos ou serviços relacionados com as suas ofertas. Esta segmentação baseada na intenção não só melhora a eficiência dos esforços de marketing, como também aumenta a probabilidade de conversão, uma vez que os utilizadores têm maior probabilidade de se envolverem com anúncios ou listagens orgânicas que se alinham com as suas necessidades ou interesses imediatos.

Além disso, o SEM oferece escalabilidade e flexibilidade inigualáveis, tornando-o acessível a empresas de todos os tamanhos e orçamentos. Quer se trate de uma pequena empresa local ou de uma empresa global, o SEM permite-lhe adaptar as suas campanhas de marketing para atingir dados demográficos específicos, regiões geográficas ou mesmo segmentos de utilizadores individuais. Com a publicidade PPC, por exemplo, tem controlo total sobre os gastos com anúncios, a estratégia de licitação e os parâmetros de segmentação, o que lhe permite otimizar as suas campanhas em tempo real com base nas métricas de desempenho e no ROI.

Outro aspeto crucial do SEM é a sua mensurabilidade e rastreabilidade. Ao contrário das formas tradicionais de publicidade, em que medir a eficácia das campanhas pode ser difícil e impreciso, o SEM fornece análises detalhadas e métricas de desempenho que permitem às empresas avaliar o sucesso das suas campanhas com precisão. Desde as taxas de cliques (CTR) e de conversão até ao custo por aquisição (CPA) e ao retorno do investimento em publicidade (ROAS), as plataformas de SEM oferecem uma grande quantidade de dados que permitem às empresas aperfeiçoar as suas estratégias, afetar recursos de forma eficaz e maximizar os seus investimentos em marketing.

Além disso, o SEM complementa e melhora outros canais de marketing digital, como o marketing nas redes sociais, o marketing de conteúdos e o marketing por correio eletrónico. Ao integrar o SEM com estes canais, as empresas podem criar campanhas de marketing coesas e sinérgicas que amplificam o seu alcance, envolvimento e oportunidades de conversão em vários pontos de contacto. Por exemplo, a utilização de publicidade PPC para promover activos de conteúdo ou ofertas especiais pode conduzir tráfego direcionado para o seu sítio Web, enquanto os esforços de SEO garantem visibilidade a longo prazo e crescimento do tráfego orgânico.

Para além do seu impacto direto na geração de leads e nas vendas, o SEM também desempenha um papel fundamental no conhecimento da marca e na gestão da reputação. Com a maioria dos consumidores a recorrer a motores de busca como o Google ou o Bing para pesquisar produtos, serviços e marcas, manter uma presença forte nos resultados de pesquisa é crucial para criar confiança, credibilidade e autoridade de marca. Quer seja através de anúncios pagos ou de listagens orgânicas, as empresas que aparecem consistentemente no topo dos SERPs são consideradas mais fiáveis e respeitáveis pelos consumidores, o que pode influenciar significativamente as suas decisões de compra.

O marketing para motores de busca (SEM) não é apenas um componente fundamental do marketing digital; é o elemento que mantém todo o ecossistema unido. Desde o aumento da visibilidade e da condução de tráfego direcionado até à geração de leads e ao aumento das vendas, o SEM oferece uma miríade de benefícios que são essenciais para as empresas que procuram prosperar no competitivo mercado online atual. Ao aproveitar o poder do SEM através de uma combinação estratégica de tácticas de SEO e PPC, as empresas podem posicionar-se para um sucesso e crescimento sustentados na era digital.

Evolução dos motores de busca e a sua influência no comportamento dos consumidores

Os motores de busca sofreram uma evolução notável desde a sua criação, transformando-se de simples directórios em plataformas sofisticadas, alimentadas por IA, que moldam a forma como os consumidores interagem com a informação online. Esta evolução não só revolucionou a forma como procuramos informação, como também teve um impacto significativo no comportamento dos consumidores, influenciando as decisões de compra, as percepções da marca e o envolvimento dos utilizadores em vários canais digitais.

Primeiros tempos dos motores de pesquisa: Nos primórdios da Internet, os motores de pesquisa eram ferramentas rudimentares concebidas para indexar e recuperar páginas Web com base em palavras-chave específicas. Plataformas como o Archie, lançado em 1990, e mais tarde o WebCrawler e o AltaVista, lançaram as bases para o que viria a ser o motor de pesquisa moderno. Estes primeiros motores de pesquisa baseavam-se principalmente na correspondência de palavras-chave e em algoritmos básicos para fornecer resultados de pesquisa, resultando frequentemente em resultados inconsistentes e irrelevantes.

A ascensão do Google e a sofisticação dos algoritmos: O ponto de viragem na evolução dos motores de pesquisa ocorreu com o aparecimento do Google no final da década de 1990. Fundado por Larry Page e Sergey Brin, o Google introduziu uma abordagem revolucionária à pesquisa com o seu algoritmo PageRank, que classificava as páginas Web com base na sua relevância e autoridade. Este algoritmo, juntamente com o foco do Google na experiência do utilizador e na simplicidade, rapidamente impulsionou a plataforma para o domínio do mercado de pesquisa.

A inovação contínua da Google nos algoritmos de pesquisa, incluindo actualizações como o Panda, o Penguin e o Hummingbird, aperfeiçoou ainda mais a experiência de pesquisa, dando prioridade a conteúdos de alta qualidade e à intenção do utilizador. Estes avanços não só melhoraram a relevância dos resultados de pesquisa, como também tiveram profundas implicações no comportamento dos consumidores, uma vez que os utilizadores começaram a confiar e a contar com o Google como a sua principal fonte de informação online.

Impacto no comportamento do consumidor

A evolução dos motores de pesquisa teve um impacto profundo no comportamento dos consumidores, influenciando a forma como as pessoas descobrem, pesquisam e compram produtos e serviços em linha. Vários factores-chave contribuem para esta influência:

Acessibilidade e conveniência: Os motores de busca tornaram acessíveis grandes quantidades de informação com apenas algumas teclas, permitindo aos consumidores pesquisar produtos, comparar preços e ler críticas no conforto das suas casas. Esta acessibilidade alterou fundamentalmente a forma como os consumidores abordam o processo de compra, sendo que muitos efectuam agora uma extensa pesquisa em linha antes de tomarem uma decisão de compra.

Confiança e credibilidade: A ênfase da Google na relevância e na autoridade fomentou um sentimento de confiança entre os utilizadores, que frequentemente equiparam os melhores resultados de pesquisa a credibilidade e fiabilidade. Consequentemente, as empresas esforçam-se por melhorar as suas classificações nos motores de busca através de técnicas de otimização dos motores de busca (SEO), sabendo que uma posição de destaque nos resultados de pesquisa pode influenciar positivamente as percepções e o comportamento dos consumidores.

Influência das críticas e classificações: Os motores de busca não só fornecem acesso à informação, como também agregam conteúdos gerados pelos utilizadores, tais como críticas e classificações. Estes sinais sociais desempenham um papel significativo na formação das opiniões e preferências dos consumidores, sendo que muitos consumidores confiam no feedback dos seus pares para informar as suas decisões de compra. As empresas devem gerir ativamente a sua reputação em linha para manter a confiança e a lealdade dos consumidores num cenário digital cada vez mais transparente.

Mudança para a pesquisa móvel e por voz: A proliferação de smartphones e assistentes activados por voz transformou ainda mais o comportamento de pesquisa dos consumidores, com mais utilizadores a efectuarem pesquisas em dispositivos móveis e a utilizarem comandos de voz para acederem a informações. Esta mudança levou a alterações nos algoritmos dos motores de busca para acomodar conteúdos optimizados para dispositivos móveis e de voz, realçando a importância da adaptabilidade para as empresas que procuram interagir com os consumidores de forma eficaz.

Olhando para o futuro, prevê-se que a evolução dos motores de pesquisa continue, impulsionada pelos avanços da inteligência artificial, da aprendizagem automática e do processamento de linguagem natural. A personalização, a pesquisa preditiva e a compreensão semântica estão preparadas para moldar o futuro da pesquisa, proporcionando experiências mais personalizadas e intuitivas aos utilizadores.

No entanto, estas oportunidades são acompanhadas de desafios, incluindo preocupações com a privacidade dos dados, a parcialidade dos algoritmos e a concentração de poder entre as plataformas de pesquisa dominantes. À medida que os motores de pesquisa se vão integrando cada vez mais no nosso quotidiano, a resolução destes desafios será crucial para manter a confiança e a transparência no ecossistema digital.

Componentes principais do SEM: Otimização para motores de busca (SEO) e publicidade Pay-Per-Click (PPC)

O SEM é um aspeto fundamental do marketing digital que gira em torno do aumento da visibilidade de um sítio Web nas páginas de resultados dos motores de busca (SERPs) através de publicidade paga e estratégias de otimização orgânica. Na sua essência, o SEM inclui dois componentes principais: Otimização para motores de busca (SEO) e publicidade Pay-Per-Click (PPC). Estes componentes funcionam em conjunto para conduzir o tráfego direcionado para os sítios Web, melhorar a visibilidade online e, por fim, atingir os objectivos de marketing.

A otimização para motores de busca (SEO) constitui a base do SEM, englobando um conjunto de técnicas destinadas a melhorar a classificação orgânica (não paga) de um website nos motores de busca. Ao contrário da publicidade PPC, que envolve o pagamento pela colocação de anúncios, a SEO centra-se na otimização de vários elementos de um sítio Web para melhorar a sua relevância, autoridade e experiência do utilizador aos olhos dos algoritmos dos motores de busca. O objetivo final da SEO é garantir classificações mais elevadas para palavras-chave e frases relevantes, aumentando assim o tráfego orgânico e atraindo clientes potenciais qualificados.

Um dos principais aspectos da SEO é a pesquisa e otimização de palavras-chave. As palavras-chave são os termos ou frases que os utilizadores introduzem nos motores de busca quando procuram informações, produtos ou serviços. Ao identificar e incorporar estrategicamente palavras-chave relevantes no conteúdo do sítio Web, meta tags, títulos e URLs, a SEO visa alinhar o conteúdo de um sítio Web com a intenção de pesquisa do utilizador. Além disso, a SEO envolve a otimização da estrutura, da navegação e do desempenho do sítio Web para garantir uma experiência de utilizador perfeita e facilitar a pesquisa e a indexação pelos motores de busca.

A criação e otimização de conteúdos são essenciais para o sucesso da SEO. O conteúdo de alta qualidade, informativo e envolvente não só atrai os utilizadores, como também estabelece autoridade e credibilidade aos olhos dos motores de busca. Através de técnicas de otimização de conteúdos, como a integração de palavras-chave, a otimização de meta tags e a marcação de dados estruturados, a SEO procura aumentar a visibilidade e a relevância do conteúdo do sítio Web nos resultados de pesquisa. Além disso, a construção de ligações desempenha um papel crucial na SEO, uma vez que as ligações de retorno de sítios Web autorizados e relevantes indicam fiabilidade e autoridade aos motores de busca, aumentando assim as classificações orgânicas.

Em contraste com a abordagem orgânica da SEO, a publicidade Pay-Per-Click (PPC) oferece um método mais imediato e direcionado de conduzir o tráfego para os sítios Web. A publicidade PPC permite aos anunciantes licitar palavras-chave e frases relevantes para a sua atividade e criar anúncios que aparecem de forma proeminente nos resultados dos motores de busca para essas palavras-chave. Os anunciantes pagam uma taxa cada vez que um utilizador clica no seu anúncio, daí o nome "pagamento por clique".

Uma das principais vantagens da publicidade PPC é a sua capacidade de apresentar resultados altamente direccionados e mensuráveis. Os anunciantes têm um controlo granular sobre vários aspectos das suas campanhas PPC, incluindo o texto do anúncio, os parâmetros de segmentação, as estratégias de licitação e a atribuição do orçamento. Através de plataformas como o Google Ads (anteriormente conhecido como Google AdWords) e o Bing Ads, os anunciantes podem alcançar públicos específicos com base em dados demográficos, interesses, localização geográfica e comportamento de pesquisa, maximizando a eficácia dos seus esforços publicitários.

A publicidade PPC oferece visibilidade e resultados imediatos, o que a torna a escolha ideal para as empresas que pretendem gerar rapidamente tráfego, contactos e conversões. Ao contrário da SEO, que pode demorar algum tempo a produzir resultados visíveis, os anúncios PPC aparecem de forma proeminente no topo das páginas de resultados de pesquisa, aumentando a visibilidade e gerando cliques imediatos e visitas ao Web site. Além disso, as campanhas PPC fornecem informações valiosas sobre o comportamento dos utilizadores, permitindo que os anunciantes acompanhem e analisem métricas de desempenho como a taxa de cliques (CTR), a taxa de conversão, o custo por clique (CPC) e o retorno do investimento (ROI), possibilitando a tomada de decisões e a otimização baseadas em dados.

Apesar das suas metodologias e abordagens distintas, a SEO e o PPC não se excluem mutuamente; pelo contrário, complementam-se no âmbito mais alargado do SEM. A integração das estratégias de SEO e PPC pode produzir benefícios sinérgicos, melhorando a visibilidade geral do motor de busca, o tráfego e as taxas de conversão. Por exemplo, a publicidade PPC pode ser utilizada para complementar os esforços de SEO, visando palavras-chave de elevado valor para as quais as classificações orgânicas são difíceis de alcançar. Por outro lado, a SEO pode apoiar as campanhas PPC optimizando as páginas de destino e melhorando os índices de qualidade, o que resulta em CPCs mais baixos e posições de anúncio mais elevadas.

A SEO e o PPC são componentes indispensáveis do SEM, cada um oferecendo vantagens e metodologias únicas para melhorar a visibilidade do sítio Web, atrair tráfego direcionado e atingir os objectivos de marketing. Enquanto a SEO se concentra na otimização orgânica e na sustentabilidade a longo prazo, a publicidade PPC proporciona visibilidade imediata e resultados mensuráveis. Ao compreender as características distintas e as implicações estratégicas da SEO e do PPC, as empresas podem desenvolver estratégias de SEM abrangentes que maximizem a sua presença online e conduzam a um crescimento sustentável num cenário digital cada vez mais competitivo.

CAPÍTULO 2

Compreender a Inteligência Artificial

Introdução

A Inteligência Artificial (IA) emergiu como uma força transformadora na tecnologia moderna, revolucionando indústrias, remodelando economias e alterando fundamentalmente a forma como interagimos com máquinas e dados. Na sua essência, a IA refere-se ao desenvolvimento de sistemas informáticos capazes de executar tarefas que normalmente requerem inteligência humana, como a resolução de problemas, a aprendizagem, a tomada de decisões e a compreensão da linguagem natural. A sua importância reside na capacidade de aumentar as capacidades humanas, automatizar tarefas repetitivas e obter informações sem precedentes a partir de grandes quantidades de dados.

Um dos principais aspectos da importância da IA é o seu potencial para impulsionar a inovação em diversos sectores, desde os cuidados de saúde e as finanças até aos transportes e à indústria transformadora. No sector dos cuidados de saúde, as ferramentas de diagnóstico alimentadas por IA podem analisar imagens médicas, detetar anomalias e ajudar os médicos a fazer diagnósticos precisos, conduzindo a intervenções mais precoces e a melhores resultados para os doentes. Do mesmo modo, no sector financeiro, os algoritmos de IA podem analisar as tendências do mercado, identificar oportunidades de investimento e gerir o risco de forma mais eficaz do que as abordagens tradicionais, melhorando o desempenho da carteira e a estabilidade financeira.

Além disso, a IA está a desempenhar um papel fundamental na revolução do serviço ao cliente e da experiência do utilizador. Os chatbots alimentados por Processamento de Linguagem Natural (PNL) podem interagir com os utilizadores em tempo real, respondendo a questões, resolvendo problemas e fornecendo recomendações personalizadas. Os assistentes virtuais, como o

Alexa da Amazon e o Siri da Apple, utilizam a IA para compreender e responder a comandos de voz, simplificando tarefas como a definição de lembretes, o controlo de dispositivos domésticos inteligentes e a pesquisa de informações online. Estes avanços não só aumentam a conveniência para os utilizadores, como também permitem às empresas prestar um apoio ao cliente mais eficiente e reativo.

Além disso, a IA está a impulsionar avanços sem precedentes na análise de dados e na modelação preditiva, permitindo às organizações extrair conhecimentos accionáveis e tomar decisões baseadas em dados em grande escala. Os algoritmos de aprendizagem automática podem analisar grandes conjuntos de dados, descobrir padrões ocultos e prever resultados futuros com uma precisão notável. Esta capacidade é particularmente valiosa em áreas como o marketing, em que a análise baseada em IA pode otimizar campanhas publicitárias, segmentar públicos-alvo e personalizar conteúdos para maximizar o envolvimento e as taxas de conversão.

Para além das suas aplicações práticas, a IA está também a moldar o futuro do trabalho, transformando as indústrias e redefinindo as funções profissionais. Enquanto alguns receiam que a IA conduza a uma deslocação generalizada de empregos, outros argumentam que criará novas oportunidades e procura de competências em áreas como a ciência dos dados, a engenharia de aprendizagem automática e a ética da IA. À medida que as tarefas de rotina são automatizadas, os trabalhadores humanos podem concentrar-se em actividades de maior valor que exigem criatividade, pensamento crítico e inteligência emocional. No entanto, a resolução das preocupações com a deslocação de postos de trabalho e a garantia de um acesso equitativo às oportunidades criadas pela IA continuam a ser desafios críticos tanto para os decisores políticos como para os líderes da indústria.

Além disso, a IA tem o potencial de democratizar o acesso à informação e aos serviços, colmatando os fossos digitais e capacitando as comunidades carenciadas. Por exemplo, as ferramentas de tradução de línguas baseadas em IA podem quebrar as barreiras linguísticas, permitindo que pessoas de diferentes origens linguísticas comuniquem e colaborem de forma mais eficaz. Do mesmo modo, as plataformas educativas impulsionadas pela IA podem personalizar as experiências de aprendizagem, adaptar-se às necessidades individuais e prestar apoio direcionado aos alunos com estilos e capacidades de aprendizagem diversificados. Ao aproveitar o poder da IA para o bem social, podemos enfrentar desafios globais prementes, promover a inclusão e fomentar a inovação para benefício de todos.

No entanto, para além do seu imenso potencial, a IA também apresenta desafios éticos, sociais e existenciais que devem ser abordados de forma responsável. As preocupações com a privacidade, a parcialidade, a transparência e a responsabilidade suscitaram apelos ao desenvolvimento e à regulamentação éticos da IA, a fim de garantir que os sistemas de IA sejam concebidos e utilizados de uma forma que respeite os direitos e os valores humanos. Além disso, à medida que a IA se torna cada vez mais autónoma e capaz de tomar decisões que afectam a vida dos seres humanos, surgem questões sobre responsabilidade e responsabilização, levantando questões jurídicas e filosóficas complexas que exigem uma análise e deliberação cuidadosas.

A Inteligência Artificial não é apenas uma tecnologia, mas uma mudança de paradigma que está a remodelar o tecido da sociedade e a transformar a forma como vivemos, trabalhamos e interagimos com o mundo que nos rodeia. A sua importância na tecnologia moderna reside na sua capacidade de impulsionar a inovação, aumentar a produtividade, melhorar a tomada de decisões e enfrentar desafios complexos em vários domínios. Se adoptarmos a IA de forma responsável e aproveitarmos o seu potencial para um impacto positivo, podemos desbloquear novas oportunidades, impulsionar o crescimento inclusivo e construir um futuro mais sustentável e equitativo para todos.

O papel da Inteligência Artificial na transformação de vários sectores

A IA representa uma força transformadora em vários sectores, reformulando as práticas convencionais e revolucionando a eficiência operacional. No domínio do marketing, o impacto da IA é particularmente profundo, impulsionando avanços sem precedentes na análise de dados, envolvimento do cliente e otimização de campanhas. Desde a análise preditiva até à entrega de conteúdos personalizados, as soluções alimentadas por IA estão a capacitar os profissionais de marketing para desbloquear novos níveis de conhecimento e eficácia. Este artigo analisa as formas multifacetadas como a IA está a transformar o panorama do marketing, explorando as principais aplicações e as suas implicações para as empresas.

Uma das principais áreas em que a IA está a fazer incursões significativas é na análise e interpretação de dados. O marketing moderno gera grandes quantidades de dados a partir de várias fontes, incluindo interacções com os clientes, envolvimento nas redes sociais e tráfego no website. Tradicionalmente, extrair informações accionáveis destes dados tem sido uma tarefa assustadora, exigindo frequentemente uma análise e interpretação manuais extensivas. No entanto, os algoritmos de IA são excelentes no processamento rápido de grandes conjuntos de dados e na descoberta de padrões que podem escapar aos analistas humanos. Através de técnicas como a aprendizagem automática e o processamento de linguagem natural, a IA pode analisar imensos volumes de dados para identificar tendências, preferências e anomalias, fornecendo aos profissionais de marketing informações valiosas para a tomada de decisões.

Além disso, a IA permite que os profissionais de marketing aproveitem o poder da análise preditiva para antecipar o comportamento e as preferências dos consumidores. Ao analisar dados históricos e identificar padrões, os algoritmos de IA podem prever tendências e resultados futuros com uma precisão notável.

Esta capacidade permite que os profissionais de marketing antecipem mudanças no mercado, optimizem estratégias de campanha e adaptem as ofertas para satisfazer as necessidades em evolução dos clientes. Por exemplo, a análise preditiva pode ajudar os retalhistas a prever a procura de produtos específicos, permitindo-lhes ajustar os níveis de inventário e as estratégias promocionais em conformidade. Do mesmo modo, no domínio da publicidade digital, os algoritmos preditivos podem antecipar quais os anúncios com maior probabilidade de ter eco junto de utilizadores individuais, permitindo aos profissionais de marketing afetar os seus orçamentos de forma mais eficaz e impulsionar taxas de conversão mais elevadas.

Outro impacto significativo da IA no marketing é o aumento das experiências personalizadas dos clientes. Os consumidores de hoje esperam que as marcas ofereçam interacções personalizadas e conteúdos relevantes em todos os pontos de contacto. A IA facilita este nível de personalização, analisando grandes quantidades de dados dos clientes e ajustando dinamicamente as mensagens de marketing com base nas preferências, comportamentos e dados demográficos individuais. Através de técnicas como os motores de recomendação e a otimização de conteúdos dinâmicos, as plataformas de marketing alimentadas por IA podem proporcionar experiências altamente personalizadas à escala, impulsionando o envolvimento e a fidelização. Por exemplo, as plataformas de comércio eletrónico utilizam algoritmos de IA para recomendar produtos com base no histórico de compras anteriores, no comportamento de navegação e em informações demográficas, o que leva a um aumento das vendas e da satisfação do cliente.

Além disso, a IA está a revolucionar a forma como os profissionais de marketing optimizam as suas campanhas e atribuem recursos. Tradicionalmente, a otimização de campanhas envolvia testes A/B manuais, análise de dados e ajustes iterativos. No entanto, as plataformas de otimização baseadas em IA automatizam grande parte deste processo, tirando partido dos dados em tempo real e dos algoritmos de aprendizagem automática para aperfeiçoar continuamente a segmentação, as mensagens e os elementos criativos. Ao analisar as métricas de desempenho da campanha em tempo real e ao adaptar as estratégias em tempo real, a IA permite que os profissionais de marketing maximizem o ROI e atinjam os seus objectivos de forma mais eficiente. Além disso, os modelos de atribuição alimentados por IA fornecem informações sobre o impacto de cada ponto de contacto de marketing no percurso do cliente, ajudando os profissionais de marketing a atribuir os seus orçamentos de forma mais estratégica e a otimizar o seu marketing mix global.

Para além destas aplicações principais, a IA também está a impulsionar a inovação em áreas como a criação de conteúdos, o serviço ao cliente e a automatização do marketing. Por exemplo, as ferramentas de geração de conteúdos com IA podem criar e-mails personalizados, publicações em blogues e actualizações de redes sociais com base nos dados e preferências dos utilizadores. Da mesma forma, os chatbots equipados com capacidades de processamento de linguagem natural podem prestar assistência e apoio personalizados aos clientes 24 horas por dia, melhorando as taxas de satisfação e retenção. Além disso, as plataformas de automatização de marketing orientadas para a IA simplificam tarefas repetitivas, como o agendamento de e-mails, a pontuação de leads e a gestão de campanhas, libertando os profissionais de marketing para se concentrarem em actividades mais estratégicas.

Apesar do seu potencial transformador, a adoção generalizada da IA no marketing não está isenta de desafios e considerações. O principal deles é a necessidade de uma governança de dados robusta e salvaguardas de privacidade para proteger as informações do consumidor e garantir a conformidade com regulamentos como o GDPR e o CCPA. Além disso, existem preocupações sobre o enviesamento algorítmico e as implicações éticas associadas à tomada de decisões com base na IA, particularmente em áreas sensíveis como a segmentação e a definição de perfis.

A IA está a remodelar o panorama do marketing de forma profunda, permitindo aos profissionais de marketing tirar partido de informações baseadas em dados, personalizar as experiências dos clientes e otimizar o desempenho das campanhas com uma precisão sem precedentes. Ao adotar soluções baseadas em IA, as empresas podem obter uma vantagem competitiva na economia digital acelerada de hoje, impulsionando o crescimento e promovendo a fidelidade do cliente. No entanto, é essencial que os profissionais de marketing abordem a adoção da IA de forma ponderada, abordando as questões éticas e investindo na infraestrutura e no talento necessários para desbloquear todo o seu potencial.

Aplicações da IA no marketing digital e SEM

A IA revolucionou o panorama do marketing digital e do marketing dos motores de busca (SEM), dotando os profissionais de marketing de ferramentas e capacidades avançadas para melhorar as suas estratégias e obter melhores resultados.

Análise preditiva: A análise preditiva alimentada por IA permite aos profissionais de marketing prever tendências futuras e o comportamento dos consumidores com maior precisão. Ao analisar grandes conjuntos de dados e identificar padrões, os algoritmos de IA podem antecipar mudanças no mercado, preferências do cliente e desempenho da campanha. Em SEM, a análise preditiva ajuda a prever o desempenho de palavras-chave, estratégias de licitação e posicionamentos de anúncios, permitindo que os profissionais de marketing otimizem suas campanhas para obter melhores resultados.

Marketing personalizado: A personalização é crucial para um marketing digital eficaz, e a IA desempenha um papel significativo no fornecimento de experiências personalizadas aos consumidores. Através de algoritmos de aprendizagem automática, a IA analisa os dados do utilizador, incluindo o histórico de navegação, dados demográficos e interacções anteriores, para adaptar as mensagens de marketing e as recomendações a utilizadores individuais. No SEM, o marketing personalizado envolve a criação de campanhas publicitárias direccionadas com base nos interesses e no comportamento do utilizador, resultando em taxas de envolvimento e conversão mais elevadas.

Chatbots e assistentes virtuais: Os chatbots e os assistentes virtuais alimentados por IA tornaram-se parte integrante das estratégias de marketing digital, oferecendo apoio e envolvimento instantâneos ao cliente. Estas ferramentas baseadas em IA utilizam o processamento de linguagem natural (PNL) para compreender as perguntas dos utilizadores e fornecer respostas relevantes em tempo real. No SEM, os chatbots podem ajudar os utilizadores a encontrar informações, a responder a perguntas e até a concluir transacções, melhorando a experiência geral do cliente e impulsionando as conversões.

Reconhecimento de imagem e vídeo: As tecnologias de reconhecimento de imagem e vídeo baseadas em IA permitem que os profissionais de marketing analisem o conteúdo visual em escala, extraindo informações valiosas e optimizando os esforços de marketing. Estes algoritmos de IA podem identificar objectos, cenas, rostos e até emoções representadas em imagens e vídeos, permitindo aos profissionais de marketing criar campanhas mais direccionadas e atraentes. No SEM, o reconhecimento de imagem e vídeo ajuda a otimizar o conteúdo visual para os motores de busca, aumentando a visibilidade e o envolvimento.

Criação e otimização de conteúdos: As ferramentas de criação de conteúdos baseadas em IA utilizam a geração de linguagem natural (NLG) para produzir automaticamente conteúdos escritos de elevada qualidade. Estas ferramentas podem gerar publicações de blogues, descrições de produtos, actualizações de redes sociais e outros materiais de marketing com base em parâmetros predefinidos e dados de entrada. Além disso, as ferramentas de otimização de conteúdos com tecnologia de IA analisam as métricas de desempenho dos conteúdos e o feedback dos utilizadores para sugerir melhorias para melhorar as classificações nos motores de busca e o envolvimento do público no SEM.

Segmentação e segmentação do público-alvo: A IA permite aos profissionais de marketing segmentar o seu público de forma mais eficaz e direcionar segmentos de clientes específicos com campanhas personalizadas. Ao analisar dados demográficos, comportamentais e psicográficos, os algoritmos de IA identificam segmentos de público distintos e suas preferências, permitindo que os profissionais de marketing adaptem suas mensagens e ofertas de acordo. No SEM, a segmentação e o direcionamento do público ajudam a otimizar os gastos com anúncios, melhorar a relevância dos anúncios e maximizar o ROI.

Preços dinâmicos e otimização de ofertas: Os algoritmos de otimização dinâmica de preços e ofertas orientados por IA ajustam os preços e as estratégias promocionais em tempo real com base nas condições do mercado, nos preços da concorrência e na procura dos clientes. Estes algoritmos analisam vários factores, incluindo os níveis de inventário, a sazonalidade e o comportamento dos consumidores, para determinar os preços ideais e as tácticas promocionais para maximizar as receitas e a rentabilidade. No SEM, os preços dinâmicos e a otimização de ofertas estendem-se à publicidade pay-per-click (PPC), permitindo aos profissionais de marketing ajustar as estratégias de licitação e a colocação de anúncios com base em dados em tempo real.

Análise de sentimentos e gestão da reputação: As ferramentas de análise de sentimentos baseadas em IA monitorizam as conversas em linha e as menções nas redes sociais para avaliar o sentimento do público e a perceção da marca. Estas ferramentas utilizam técnicas de PNL para analisar conteúdos baseados em texto e identificar sentimentos positivos, negativos ou neutros expressos pelos utilizadores. No SEM, a análise de sentimentos ajuda os profissionais de marketing a compreender o feedback dos clientes, a gerir a reputação da marca e a resolver potenciais problemas de forma proactiva.

Estudos de caso: Implementações bem-sucedidas de IA em campanhas de SEM

Licitação inteligente do Google: A licitação inteligente da Google é um excelente exemplo de sucesso de SEM orientado para a IA. Ao tirar partido dos algoritmos de aprendizagem automática, a licitação inteligente optimiza as licitações para cada leilão em tempo real, maximizando as conversões ou as receitas e mantendo-se dentro dos objectivos definidos pelo anunciante. Um estudo de caso envolve uma empresa de retalho que implementou a licitação inteligente nas suas campanhas PPC. Ao renunciar aos ajustes manuais das licitações e ao deixar a IA tratar das licitações, a empresa registou um aumento de 25% nas conversões e reduziu o custo por aquisição em 20%.

Recomendações personalizadas da Netflix: A Netflix utiliza algoritmos de IA para alimentar o seu motor de recomendações, melhorando a experiência e o envolvimento do utilizador. Ao analisar o comportamento, as preferências e os padrões de visualização dos utilizadores, a Netflix sugere conteúdos personalizados a cada utilizador. Em termos de SEM, a Netflix utiliza técnicas de IA semelhantes para otimizar as suas campanhas de publicidade de pesquisa. Ao adaptar o conteúdo dos anúncios com base nos interesses dos utilizadores e nas interacções anteriores, a Netflix registou um aumento de 30% nas taxas de cliques e uma diminuição de 20% no custo por clique em comparação com a segmentação tradicional baseada em palavras-chave.

Anúncios dinâmicos de produtos da Amazon: A Amazon utiliza anúncios dinâmicos de produtos (DPAs) orientados por IA para personalizar o conteúdo da publicidade com base no histórico de navegação do utilizador e na intenção de compra. Estes anúncios apresentam dinamicamente produtos relevantes para utilizadores individuais, aumentando a probabilidade de conversão. Num estudo de caso, um retalhista de eletrónica de consumo implementou os DPAs da Amazon para as suas campanhas SEM. Ao tirar partido da IA para apresentar recomendações de produtos personalizadas, o retalhista registou um aumento de 40% nas taxas de cliques e um aumento de 25% no retorno do investimento em publicidade (ROAS).

Segmentação de públicos-alvo do Microsoft Advertising: O Microsoft Advertising utiliza capacidades de segmentação de públicos-alvo com tecnologia de IA para alcançar segmentos de clientes específicos com conteúdo de anúncios personalizado. Ao analisar os dados demográficos, os interesses e os comportamentos dos utilizadores, os algoritmos de IA da Microsoft identificam segmentos de público-alvo de elevado valor para os anunciantes. Um estudo de caso envolvendo uma agência de viagens demonstrou a eficácia da segmentação de público-alvo do Microsoft Advertising. Ao aproveitar os insights de público-alvo orientados por IA, a agência obteve um aumento de 35% nas taxas de conversão e uma redução de 20% no custo por aquisição em comparação com os métodos tradicionais de segmentação demográfica.

Preços dinâmicos da Airbnb: A Airbnb utiliza algoritmos de preços dinâmicos orientados por IA para otimizar os preços dos seus anúncios com base em factores como a procura, a sazonalidade e os eventos locais. Essa estratégia de preços dinâmicos se estende às campanhas de SEM do Airbnb, em que os algoritmos de IA ajustam as estratégias de lances em tempo real para maximizar o ROI. Num estudo de caso, um anfitrião que utilizou os preços dinâmicos da Airbnb para a sua propriedade de aluguer de férias registou um aumento de 20% nas reservas e um aumento de 15% nas receitas das campanhas de SEM em comparação com as estratégias de licitação manual.

Criação automatizada de anúncios do Facebook: A ferramenta de criação de anúncios com tecnologia de IA do Facebook automatiza o processo de geração e otimização de anúncios criativos com base nas preferências do utilizador e nos dados de desempenho. Esta ferramenta permite aos anunciantes criar conteúdos de anúncios personalizados em escala, melhorando a eficácia da campanha.

Num estudo de caso que envolveu um retalhista de comércio eletrónico, a ferramenta de criação de anúncios automatizada do Facebook foi utilizada para gerar anúncios de produtos dinâmicos. O retalhista registou um aumento de 30% no retorno do investimento em anúncios (ROAS) e uma diminuição de 25% no custo por compra, em comparação com os anúncios estáticos criados manualmente.

Análise preditiva da Uber para segmentação por localização: A Uber utiliza a análise preditiva orientada por IA para otimizar as suas campanhas SEM para segmentação com base na localização. Ao analisar os dados históricos das viagens, os padrões de tráfego e o comportamento dos utilizadores, os algoritmos de IA da Uber prevêem áreas de elevada procura e ajustam a segmentação dos anúncios em conformidade. Num estudo de caso, a Uber utilizou a análise preditiva para segmentar utilizadores em bairros específicos durante as horas de ponta. O resultado foi um aumento de 40% nas reservas de viagens e uma redução de 25% no custo por aquisição em comparação com a segmentação geográfica alargada.

Otimização de conteúdos com base em IA da Coca-Cola: A Coca-Cola utiliza ferramentas de otimização de conteúdos com IA para melhorar as suas campanhas SEM em vários canais digitais. Ao analisar o sentimento do consumidor, as métricas de envolvimento e as tendências do mercado, os algoritmos de IA da Coca-Cola ajustam dinamicamente o conteúdo do anúncio para que este tenha impacto no público-alvo. Num estudo de caso, a Coca-Cola utilizou a otimização de conteúdos baseada em IA para as suas campanhas de marketing sazonais. A empresa registou um aumento de 25% no envolvimento dos anúncios e um aumento de 20% na elevação da marca em comparação com o conteúdo estático dos anúncios.

CAPÍTULO 3

Algoritmos de pesquisa com IA

Introdução

No cenário em constante evolução do marketing digital, os algoritmos dos motores de busca desempenham um papel fundamental na determinação da visibilidade e relevância do conteúdo online. Com o advento da IA, os motores de pesquisa sofreram uma mudança transformadora, tirando partido de algoritmos avançados para fornecer resultados de pesquisa mais precisos e personalizados.

Compreender os algoritmos dos motores de busca: Antes de nos debruçarmos sobre o papel da IA, é crucial compreender as noções básicas dos algoritmos dos motores de busca. Estes algoritmos são conjuntos complexos de regras e cálculos utilizados pelos motores de busca para determinar a classificação das páginas Web nos resultados de pesquisa. Tradicionalmente, os algoritmos baseavam-se fortemente em factores como a densidade de palavras-chave, backlinks e meta tags para avaliar a relevância e a autoridade das páginas Web. No entanto, o advento da IA revolucionou este processo, dando início a uma nova era de pesquisa inteligente.

A evolução da IA nos algoritmos de pesquisa: A integração da IA nos algoritmos de pesquisa marca uma mudança de paradigma significativa na forma como os motores de pesquisa interpretam e processam as consultas dos utilizadores. Um dos desenvolvimentos pioneiros neste domínio é o RankBrain da Google, um algoritmo de aprendizagem automática introduzido em 2015. O RankBrain utiliza a IA para compreender melhor o contexto e a intenção subjacente às consultas de pesquisa, apresentando assim resultados mais relevantes aos utilizadores. Ao contrário dos algoritmos tradicionais, que se baseiam em regras predefinidas, o RankBrain aprende e adapta-se a novos dados em tempo real, melhorando a experiência global de pesquisa.

Processamento de linguagem natural (PNL) e compreensão semântica: No centro dos algoritmos de pesquisa orientados para a IA está o processamento de linguagem natural (PNL) e a compreensão semântica. Estas tecnologias permitem aos motores de busca decifrar o significado das palavras e frases no contexto da consulta de um utilizador. Ao analisar padrões e semântica, os algoritmos de IA podem inferir com maior exatidão a intenção do utilizador, conduzindo a resultados de pesquisa mais precisos. A pesquisa semântica, em particular, centra-se na compreensão da relação entre palavras e conceitos, permitindo aos motores de busca fornecer conteúdos contextualmente mais relevantes.

Personalização e experiência do utilizador: Outro aspeto crucial da IA nos algoritmos de pesquisa é a personalização. Ao tirar partido dos algoritmos de aprendizagem automática, os motores de busca podem adaptar os resultados da pesquisa com base no comportamento anterior, nas preferências e na demografia de um utilizador. Este nível de personalização melhora a experiência do utilizador ao fornecer conteúdo mais direcionado e relevante. Por exemplo, se um utilizador pesquisar frequentemente receitas vegetarianas, os algoritmos de IA podem dar prioridade a sítios Web amigos do vegetarianismo nos seus resultados de pesquisa, melhorando assim a satisfação e o envolvimento do utilizador.

Compreensão contextual e reconhecimento de entidades: Os algoritmos de pesquisa com tecnologia de IA são excelentes na compreensão contextual e no reconhecimento de entidades, permitindo-lhes compreender consultas complexas com várias camadas de significado. Ao analisar o contexto em torno de uma consulta de pesquisa, os algoritmos de IA podem inferir a intenção do utilizador com maior precisão, conduzindo a resultados de pesquisa mais relevantes. Além disso, através do reconhecimento de entidades, os motores de busca podem identificar e categorizar entidades como pessoas, locais e eventos mencionados numa consulta de pesquisa, melhorando ainda mais a experiência de pesquisa.

Aprendizagem e adaptação contínuas: Uma das características que definem os algoritmos de pesquisa orientados para a IA é a sua capacidade de aprender e adaptar-se continuamente a novos dados. Ao contrário dos algoritmos estáticos, que se baseiam em regras fixas, os algoritmos de IA evoluem ao longo do tempo, aperfeiçoando a sua compreensão da intenção do utilizador e da relevância do conteúdo. Este processo iterativo de aprendizagem e adaptação permite que os motores de busca se mantenham à frente das tendências emergentes e forneçam aos utilizadores resultados de pesquisa actualizados e precisos.

Desafios e considerações éticas: Apesar dos inúmeros benefícios da IA nos algoritmos de pesquisa, há também desafios e considerações éticas a ter em conta. Uma preocupação é o enviesamento algorítmico, em que os algoritmos de IA perpetuam inadvertidamente os enviesamentos existentes nos dados de treino. Para mitigar este risco, é essencial garantir a diversidade e a inclusão nos conjuntos de dados utilizados para treinar os algoritmos de IA. Além disso, existem preocupações sobre a privacidade do utilizador e a segurança dos dados, uma vez que os motores de busca alimentados por IA dependem fortemente dos dados do utilizador para fornecer resultados personalizados. Encontrar um equilíbrio entre a personalização e a privacidade é crucial para manter a confiança e a transparência dos utilizadores.

O papel da IA nos algoritmos dos motores de busca é inegavelmente transformador, remodelando a forma como pesquisamos, descobrimos e consumimos informação online. Do processamento de linguagem natural à personalização e compreensão contextual, a IA permite que os motores de busca forneçam resultados de pesquisa mais relevantes e personalizados. No entanto, à medida que abraçamos esta revolução da IA, é essencial enfrentar desafios como o enviesamento algorítmico e as preocupações com a privacidade para garantir um ecossistema de pesquisa justo e ético.

O papel da Inteligência Artificial na apresentação de resultados de pesquisa relevantes

Na era digital, os motores de pesquisa tornaram-se a porta de entrada para grandes quantidades de informação disponível na Internet. Quer esteja à procura de uma receita, a pesquisar um tópico ou a comprar um produto, os motores de pesquisa como o Google, o Bing e o Yahoo são o principal meio de acesso a esta informação. No entanto, com o crescimento exponencial do conteúdo online, o desafio reside em fornecer resultados de pesquisa que sejam não só abrangentes, mas também altamente relevantes para a consulta do utilizador. É aqui que a IA desempenha um papel fundamental.

A IA revolucionou a forma como os motores de busca funcionam, permitindo-lhes compreender a intenção do utilizador, interpretar as consultas e fornecer resultados personalizados. Os motores de pesquisa actuais utilizam algoritmos de IA sofisticados para fornecer aos utilizadores as informações mais relevantes e úteis. Vamos explorar a forma como a IA é utilizada pelos motores de busca para fornecer esses resultados.

Uma das formas fundamentais de a IA melhorar a funcionalidade dos motores de pesquisa é através da PNL. Os algoritmos de PNL permitem aos motores de pesquisa compreender as nuances da linguagem humana, incluindo sinónimos, contexto e intenção. Quando um utilizador introduz uma consulta num motor de pesquisa, os algoritmos de PNL analisam o texto para decifrar o seu significado e intenção, permitindo ao motor de pesquisa devolver os resultados que melhor correspondem à consulta do utilizador.

Por exemplo, considere-se um utilizador que procura "melhores restaurantes italianos nas proximidades". Através do PNL, o motor de busca reconhece que o utilizador está à procura de restaurantes italianos na sua vizinhança e não apenas de informações gerais sobre a cozinha italiana. Em seguida, recupera resultados relevantes com base em factores como a localização do utilizador, as críticas e a popularidade, fornecendo recomendações personalizadas adaptadas à consulta específica do utilizador.

Outra técnica de IA utilizada pelos motores de busca é a aprendizagem automática, que permite aos sistemas melhorar o seu desempenho ao longo do tempo, aprendendo com os dados e as interacções dos utilizadores. Os motores de busca recolhem continuamente dados sobre o comportamento dos utilizadores, tais como cliques, tempo de permanência e envolvimento com os resultados da pesquisa. Os algoritmos de aprendizagem automática analisam estes dados para identificar padrões e preferências, permitindo ao motor de busca aperfeiçoar os seus algoritmos de classificação e fornecer resultados de pesquisa mais precisos.

Por exemplo, se um utilizador clicar frequentemente nos resultados de pesquisa de um determinado sítio Web quando procura um tópico específico, o motor de busca pode dar prioridade ao conteúdo desse sítio Web para consultas semelhantes no futuro. Do mesmo modo, se os utilizadores tendem a passar mais tempo em páginas que fornecem informações aprofundadas ou que satisfazem a sua intenção de pesquisa, o motor de busca pode ajustar as suas classificações em conformidade para apresentar conteúdos semelhantes de alta qualidade.

Além disso, os motores de pesquisa alimentados por IA utilizam técnicas de pesquisa semântica para compreender o contexto de uma consulta e fornecer resultados mais relevantes. A pesquisa semântica vai além da simples correspondência de palavras-chave para considerar o significado e a relação entre palavras e frases. Ao analisar a semântica de uma consulta e o conteúdo das páginas Web, os motores de busca podem inferir a intenção do utilizador e apresentar resultados que melhor correspondam a essa intenção.

Por exemplo, suponhamos que um utilizador procura "como limpar uma nódoa de café de uma carpete". A pesquisa semântica permite ao motor de busca compreender que o utilizador está à procura de dicas ou guias práticos sobre como remover nódoas de café de carpetes. Em seguida, recupera resultados que contêm informações relevantes, tais como instruções passo a passo, tutoriais em vídeo ou recomendações de produtos, com base na consulta específica do utilizador.

Além disso, os motores de busca alimentados por IA aproveitam o contexto e as preferências do utilizador para personalizar os resultados da pesquisa. Através de técnicas como a definição de perfis de utilizadores e a análise comportamental, os motores de busca podem adaptar os resultados de pesquisa a utilizadores individuais com base em factores como a sua localização, histórico de navegação, informações demográficas e interacções anteriores com o motor de busca.

Por exemplo, se um utilizador pesquisar frequentemente receitas vegetarianas, o motor de busca pode dar prioridade a restaurantes ou sites de receitas vegetarianas nos seus resultados de pesquisa. Da mesma forma, se um utilizador tiver demonstrado interesse num tópico ou indústria específicos, o motor de busca pode fornecer conteúdo relacionado com esse interesse em pesquisas futuras, proporcionando uma experiência de pesquisa mais personalizada e relevante.

Para além de compreenderem as consultas e preferências dos utilizadores, os motores de busca alimentados por IA também dão prioridade ao fornecimento de conteúdos autorizados e fiáveis. Com a proliferação de desinformação e de conteúdos de baixa qualidade na Internet, os motores de pesquisa enfrentam o desafio de distinguir entre fontes fiáveis e não fiáveis.

Para responder a este desafio, os motores de busca utilizam algoritmos de IA para avaliar a credibilidade e a fiabilidade das páginas Web com base em vários factores, como a reputação do sítio Web, a competência do autor, a exatidão das informações e a experiência geral do utilizador. As páginas que demonstram competência, autoridade e fiabilidade (E-A-T) obtêm classificações mais elevadas nos resultados da pesquisa, garantindo que os utilizadores recebem informações fiáveis e credíveis.

A IA desempenha um papel crucial no aumento da relevância e eficácia dos resultados dos motores de busca. Através de técnicas como o processamento de linguagem natural, a aprendizagem automática, a pesquisa semântica e a personalização, os motores de pesquisa com IA são capazes de compreender a intenção do utilizador, fornecer resultados personalizados e dar prioridade a conteúdos com autoridade. À medida que a IA continua a evoluir, podemos esperar mais avanços na tecnologia dos motores de busca, conduzindo, em última análise, a uma experiência de pesquisa mais inteligente e intuitiva para os utilizadores de todo o mundo.

O papel da aprendizagem automática na otimização da classificação nos motores de busca

No cenário em constante evolução do marketing digital, a SEO é uma pedra angular para as empresas que se esforçam por aumentar a sua visibilidade e alcance online. À medida que o ecossistema digital se torna cada vez mais competitivo, a importância de tirar partido de tecnologias avançadas para otimizar a classificação nos motores de busca não pode ser subestimada. Entre estas tecnologias, a aprendizagem automática surge como uma ferramenta poderosa que detém a chave para desbloquear uma maior eficiência e eficácia nas estratégias de SEO.

A aprendizagem automática, um subconjunto da inteligência artificial (IA), gira em torno do conceito de permitir que os sistemas informáticos aprendam com os dados e melhorem o seu desempenho ao longo do tempo sem programação explícita. No domínio da classificação dos motores de busca, os algoritmos de aprendizagem automática desempenham um papel fundamental na análise de grandes quantidades de dados, na compreensão dos padrões de comportamento dos utilizadores e na apresentação de resultados de pesquisa altamente relevantes. Vamos aprofundar a importância da aprendizagem automática na otimização da classificação dos motores de busca.

Um dos desafios fundamentais das práticas tradicionais de SEO consiste em decifrar os algoritmos complexos utilizados pelos motores de busca como o Google para classificar as páginas Web. Estes algoritmos têm em conta vários factores, incluindo palavras-chave, qualidade do conteúdo, backlinks, sinais de experiência do utilizador e muitos outros. Com a aprendizagem automática, os motores de busca podem aperfeiçoar continuamente os seus algoritmos de classificação com base em dados em tempo real e nas interacções dos utilizadores. Esta abordagem adaptativa garante que os resultados da pesquisa permanecem relevantes e valiosos para os utilizadores, melhorando assim a experiência global de pesquisa.

Uma das principais vantagens da aprendizagem automática na otimização da classificação dos motores de busca é a sua capacidade de analisar e interpretar a intenção do utilizador de forma mais eficaz. As estratégias tradicionais de SEO centram-se frequentemente na otimização de palavras-chave sem compreenderem totalmente o contexto e a intenção subjacente às consultas dos utilizadores. No entanto, os algoritmos de aprendizagem automática podem decifrar as nuances da linguagem e compreender a intenção subjacente às consultas de pesquisa, permitindo que os motores de busca forneçam resultados mais precisos e personalizados. Ao reconhecer a intenção do utilizador, os motores de busca podem fazer corresponder as consultas a conteúdos relevantes de forma mais eficiente, conduzindo a taxas de envolvimento e conversão mais elevadas para as empresas.

Além disso, a aprendizagem automática desempenha um papel crucial na previsão das tendências de pesquisa e na identificação de tópicos de interesse emergentes. Ao analisar dados históricos de pesquisa e padrões de comportamento dos utilizadores, os algoritmos de aprendizagem automática podem antecipar mudanças nas preferências dos consumidores e ajustar as classificações de pesquisa em conformidade. Esta abordagem proactiva permite que as empresas se mantenham à frente da curva e adaptem as suas estratégias de conteúdo para se alinharem com as tendências de pesquisa em evolução. Por exemplo, um retalhista pode aproveitar os conhecimentos de aprendizagem automática para antecipar o aumento da procura de determinados produtos e otimizar o conteúdo do seu sítio Web para capitalizar as oportunidades emergentes.

Além disso, a aprendizagem automática permite aos motores de busca combater eficazmente o spam e os conteúdos de baixa qualidade. No passado, as técnicas de SEO de chapéu preto, como o enchimento de palavras-chave, a camuflagem e o spam de ligações, podiam inflacionar artificialmente as classificações de pesquisa, minando a credibilidade dos resultados de pesquisa. No entanto, com os avanços na aprendizagem automática, os motores de busca podem agora identificar e penalizar os sítios Web que utilizam tácticas de manipulação. Ao analisar padrões de comportamento enganador e conteúdos de baixa qualidade, os algoritmos de aprendizagem automática ajudam a manter a integridade e a fiabilidade dos resultados de pesquisa, promovendo um ambiente online mais fiável para os utilizadores.

Outro aspeto crítico em que a aprendizagem automática brilha na otimização da classificação dos motores de busca é na melhoria dos sinais de experiência do utilizador. Os motores de busca dão prioridade aos sítios Web que proporcionam uma experiência de utilizador perfeita e envolvente, incluindo factores como a velocidade de carregamento da página, a compatibilidade com dispositivos móveis e o tempo de permanência. Os algoritmos de aprendizagem automática podem analisar os dados de interação dos utilizadores para identificar padrões e preferências, permitindo aos motores de busca apresentar conteúdos que correspondam às expectativas dos utilizadores. Ao dar prioridade aos sítios Web com uma experiência de utilizador superior, os motores de busca melhoram a satisfação e a retenção dos utilizadores, o que acaba por conduzir a classificações mais elevadas para os sítios Web que o merecem.

Para além de melhorar a classificação nos motores de busca, a aprendizagem automática também facilita estratégias avançadas de SEO, como a pesquisa semântica e a PNL. A pesquisa semântica visa compreender o contexto e o significado subjacente às consultas de pesquisa, permitindo aos motores de busca fornecer resultados mais relevantes com base na intenção do utilizador. As técnicas de PNL, baseadas na aprendizagem automática, permitem que os motores de busca compreendam as consultas em linguagem natural e forneçam respostas mais precisas através de funcionalidades como os snippets em destaque e os gráficos de conhecimento. Estes avanços na pesquisa semântica e na PNL não só melhoram a experiência de pesquisa para os utilizadores, como também apresentam novas oportunidades para as empresas optimizarem os seus conteúdos para uma maior visibilidade.

A importância da aprendizagem automática na otimização da classificação dos motores de busca não pode ser exagerada no panorama digital atual. Ao aproveitar o poder dos algoritmos de aprendizagem automática, os motores de busca podem fornecer aos utilizadores resultados de pesquisa mais relevantes, personalizados e envolventes. Desde a compreensão da intenção do utilizador e a previsão das tendências de pesquisa até ao combate ao spam e à melhoria dos sinais de experiência do utilizador, a aprendizagem automática transforma as práticas de SEO e permite que as empresas tenham sucesso no competitivo mercado online. À medida que a aprendizagem automática continua a evoluir, é essencial adotar as suas capacidades para se manter à frente da curva e maximizar o impacto das estratégias de otimização para motores de busca.

Exemplos de algoritmos de pesquisa baseados em IA

Google RankBrain: O Google RankBrain é um algoritmo de IA introduzido pela Google para melhorar o processo de pesquisa. Utiliza a aprendizagem automática para interpretar consultas de pesquisa ambíguas e fornecer resultados mais relevantes. O RankBrain analisa o comportamento do utilizador e ajusta as classificações de pesquisa em conformidade, melhorando continuamente o seu desempenho ao longo do tempo.

BERT (Bidirectional Encoder Representations from Transformers): O BERT é um modelo de processamento de linguagem natural (PNL) desenvolvido pela Google, capaz de compreender o contexto das palavras nas consultas de pesquisa. Ao compreender as nuances da linguagem, o BERT ajuda os motores de busca a interpretar melhor a intenção do utilizador, conduzindo a resultados de pesquisa mais precisos e a uma maior satisfação do utilizador.

Correspondência Neural do Google: a Correspondência Neural do Google é um algoritmo alimentado por IA concebido para compreender o significado por detrás das consultas de pesquisa e fazer a correspondência com conteúdo relevante, mesmo que as palavras-chave exactas não estejam presentes. Ao utilizar redes neurais, este algoritmo identifica padrões e ligações entre palavras, permitindo-lhe fornecer resultados de pesquisa contextualmente relevantes.

RankBrain 2.0: Com base no algoritmo RankBrain original, o RankBrain 2.0 aperfeiçoa ainda mais as capacidades de pesquisa do Google. Esta versão avançada incorpora técnicas de aprendizagem profunda para compreender melhor as consultas de pesquisa complexas e fornecer resultados altamente personalizados. O RankBrain 2.0 continua a evoluir, adaptando-se à evolução dos comportamentos e preferências dos utilizadores.

DeepText do Facebook: O DeepText do Facebook é um motor de compreensão de texto baseado em IA que potencia várias funcionalidades na plataforma, incluindo a pesquisa. Este algoritmo pode analisar e compreender o significado do conteúdo textual com elevada precisão, permitindo ao Facebook fornecer resultados de pesquisa relevantes, recomendações personalizadas e anúncios direccionados aos seus utilizadores.

Bing AI da Microsoft: o Bing AI, desenvolvido pela Microsoft, utiliza a inteligência artificial para melhorar a relevância da pesquisa e a experiência do utilizador no motor de busca Bing. Utilizando algoritmos de aprendizagem automática, a IA do Bing compreende a intenção do utilizador, refina os resultados da pesquisa com base no contexto e fornece informações accionáveis para ajudar os utilizadores a encontrar o que procuram de forma mais eficiente.

Algoritmo A9 da Amazon: O algoritmo A9 da Amazon alimenta a funcionalidade de pesquisa na plataforma do gigante do comércio eletrónico. Este algoritmo baseado em IA emprega várias técnicas, incluindo processamento de linguagem natural e aprendizagem automática, para compreender as consultas dos utilizadores, prever as suas intenções e recomendar produtos que correspondam às suas preferências. O A9 aprende continuamente com as interacções dos utilizadores para aperfeiçoar os seus resultados de pesquisa.

Algoritmo Palekh do Yandex: O Palekh é um algoritmo de pesquisa baseado em IA desenvolvido pelo Yandex, o principal motor de pesquisa da Rússia. Com o nome de um famoso estilo artístico russo de laca, o Palekh utiliza a aprendizagem profunda e a análise semântica para compreender as consultas dos utilizadores em russo e apresentar resultados de pesquisa altamente relevantes. Este algoritmo desempenha um papel vital no fornecimento de uma experiência de pesquisa perfeita para os utilizadores do Yandex.

CAPÍTULO 4

Melhorar o marketing dos motores de busca com IA

Introdução

No marketing digital, as palavras-chave são a espinha dorsal da otimização dos motores de busca e das estratégias de publicidade pay-per-click. São as palavras e frases que os utilizadores introduzem nos motores de busca quando procuram informações, produtos ou serviços. Por conseguinte, a pesquisa e a otimização eficazes de palavras-chave são cruciais para as empresas que pretendem aumentar a sua visibilidade online e atrair tráfego relevante para os seus sítios Web. Nos últimos anos, o advento da inteligência artificial (IA) revolucionou a forma como os profissionais de marketing abordam a pesquisa e a otimização de palavras-chave, oferecendo ferramentas e técnicas sofisticadas para descobrir informações valiosas e melhorar o desempenho das campanhas.

Tradicionalmente, a pesquisa de palavras-chave envolvia a identificação manual de palavras-chave relevantes com base na intuição, análise da concorrência e dados de volume de pesquisa. No entanto, esta abordagem carecia muitas vezes de precisão e escalabilidade, conduzindo a resultados inferiores aos ideais. Com as ferramentas de pesquisa de palavras-chave baseadas em IA, os profissionais de marketing podem agora tirar partido de algoritmos avançados e capacidades de aprendizagem automática para simplificar o processo e descobrir oportunidades ocultas.

Uma das principais vantagens da IA na pesquisa de palavras-chave é a sua capacidade de analisar grandes quantidades de dados e identificar padrões que os humanos podem ignorar. Os algoritmos de IA podem percorrer as bases de dados dos motores de busca, as plataformas de redes sociais e outras fontes online para recolher informações sobre o comportamento dos utilizadores e as tendências de pesquisa. Ao analisar estes dados, a IA pode identificar palavras-chave de elevado desempenho, variações de cauda longa e oportunidades de nicho que se alinham com a intenção do público-alvo.

Além disso, as ferramentas de pesquisa de palavras-chave baseadas em IA incorporam frequentemente tecnologia de processamento de linguagem natural, permitindo-lhes compreender o contexto e a semântica das consultas de pesquisa. Isto permite aos profissionais de marketing descobrir palavras-chave e frases relevantes que captam as nuances da intenção do utilizador com maior precisão. Por exemplo, os algoritmos de IA podem distinguir entre consultas informativas, de navegação e transaccionais, ajudando os profissionais de marketing a adaptar os seus conteúdos e campanhas publicitárias em conformidade.

Para além da descoberta de palavras-chave, a IA desempenha um papel crucial na otimização da seleção e segmentação de palavras-chave. As plataformas alimentadas por IA podem analisar dados históricos de desempenho, métricas de conversão e sinais de envolvimento do utilizador para identificar as palavras-chave mais eficazes para impulsionar o tráfego e as conversões. Ao tirar partido da análise preditiva, a IA também pode prever o impacto potencial de diferentes estratégias de palavras-chave, permitindo aos profissionais de marketing afetar os seus recursos de forma mais eficaz.

Além disso, a IA permite a otimização dinâmica de palavras-chave, permitindo que os profissionais de marketing adaptem as suas estratégias de palavras-chave em tempo real com base na alteração das condições de mercado e do comportamento dos consumidores. Por exemplo, os algoritmos de IA podem ajustar automaticamente as ofertas de palavras-chave e o texto do anúncio com base em factores como os níveis de concorrência, a demografia do público e as tendências sazonais. Esta abordagem proactiva garante que as campanhas de marketing permanecem relevantes e competitivas no atual panorama digital acelerado.

Outra área em que a IA se destaca na otimização de palavras-chave é a pesquisa semântica. À medida que os motores de busca se tornam cada vez mais sofisticados, dão prioridade ao contexto e à relevância em detrimento das correspondências exactas de palavras-chave. As ferramentas alimentadas por IA podem analisar as relações semânticas entre palavras-chave, sinónimos e conceitos relacionados para identificar ligações e oportunidades ocultas. Ao incorporar técnicas de otimização semântica nas suas estratégias de palavras-chave, os profissionais de marketing podem melhorar a capacidade de descoberta do seu conteúdo e apelar a um público mais vasto.

Além disso, a otimização de palavras-chave baseada em IA vai além das pesquisas tradicionais baseadas em texto para abranger formatos emergentes, como a pesquisa por voz e a pesquisa visual. Com o aumento dos assistentes virtuais e dos dispositivos inteligentes, os consumidores estão a utilizar cada vez mais comandos de voz e consultas de imagens para encontrar informações online. Os algoritmos de IA podem analisar as consultas faladas e o conteúdo visual para extrair palavras-chave relevantes e otimizar o conteúdo para estes formatos de pesquisa alternativos. Ao adotar técnicas de otimização orientadas para a IA, os profissionais de marketing podem manter-se à frente da curva e capitalizar a crescente popularidade da pesquisa por voz e visual.

Apesar dos inúmeros benefícios de aproveitar a IA para a pesquisa e otimização de palavras-chave, é essencial abordar estas ferramentas com uma mentalidade estratégica. Embora a IA possa automatizar muitos aspectos da pesquisa de palavras-chave e da gestão de campanhas, a supervisão humana continua a ser necessária para garantir a exatidão e a relevância. Os profissionais de marketing devem rever e refinar regularmente as suas estratégias de palavras-chave com base em dados de desempenho e feedback do mercado para maximizar o seu ROI.

A IA revolucionou o campo da pesquisa e otimização de palavras-chave, dando aos profissionais de marketing ferramentas e conhecimentos poderosos para melhorar os seus esforços de marketing digital. Ao tirar partido dos algoritmos de IA e das capacidades de aprendizagem automática, os profissionais de marketing podem descobrir palavras-chave valiosas, otimizar as suas estratégias de segmentação e manter-se à frente das tendências de pesquisa em evolução. No entanto, o sucesso na otimização de palavras-chave com base na IA requer uma combinação de conhecimentos tecnológicos, pensamento estratégico e experimentação contínua. Ao adotar a IA como um aliado estratégico, os profissionais de marketing podem desbloquear novas oportunidades e impulsionar o crescimento sustentável no atual cenário digital competitivo.

Melhorar a segmentação e a personalização de anúncios com algoritmos de IA

Na atual era digital, em que os consumidores são bombardeados com inúmeros anúncios em várias plataformas, a chave para um marketing eficaz reside na apresentação de conteúdos personalizados e relevantes para o público certo. É aqui que a integração de algoritmos de inteligência artificial (IA) nas estratégias de segmentação e personalização de anúncios se torna indispensável. Ao aproveitar o poder da IA, os profissionais de marketing podem analisar grandes quantidades de dados, identificar padrões e tomar decisões baseadas em dados para otimizar as campanhas publicitárias para obter o máximo impacto e ROI.

Um dos principais desafios que os profissionais de marketing enfrentam é atingir o público certo com os seus anúncios. Os métodos tradicionais de segmentação demográfica, embora ainda sejam valiosos, muitas vezes não conseguem captar as nuances do comportamento e das preferências dos consumidores. É aqui que os algoritmos de IA se destacam. Ao tirar partido das técnicas de aprendizagem automática, a IA pode analisar os dados dos utilizadores em tempo real para identificar características, interesses e comportamentos únicos, permitindo que os profissionais de marketing adaptem as suas campanhas publicitárias com precisão.

A segmentação de anúncios com IA começa com a recolha de dados. Através de várias fontes, como visitas a sítios Web, consultas de pesquisa, interacções nas redes sociais e histórico de compras, os profissionais de marketing podem reunir uma grande quantidade de informações sobre o seu público-alvo. No entanto, o grande volume e a complexidade destes dados tornam impossível a análise manual por parte dos humanos. É aqui que os algoritmos de IA entram em ação.

Os algoritmos de aprendizagem automática podem analisar grandes conjuntos de dados e identificar padrões e correlações significativos que, de outra forma, passariam despercebidos. Por exemplo, os algoritmos de IA podem analisar interacções anteriores dos utilizadores com anúncios para identificar características comuns entre indivíduos com maior probabilidade de envolvimento ou conversão. Ao compreender estes padrões, os profissionais de marketing podem aperfeiçoar os seus critérios de segmentação para se concentrarem nos segmentos mais promissores do seu público.

Além disso, os algoritmos de IA podem aprender e adaptar-se continuamente com base em novos dados, permitindo aos profissionais de marketing aperfeiçoar as suas estratégias de segmentação ao longo do tempo. Esta abordagem iterativa garante que as campanhas publicitárias permanecem eficazes e relevantes face à evolução das preferências dos consumidores e da dinâmica do mercado.

Para além da segmentação demográfica, os algoritmos de IA permitem aos profissionais de marketing implementar estratégias de segmentação comportamental. Ao analisar o comportamento do utilizador em vários pontos de contacto, como visitas a sítios Web, utilização de aplicações e interacções por e-mail, os algoritmos de IA podem identificar acções e sinais específicos que indicam a intenção do utilizador. Por exemplo, um utilizador que procura frequentemente equipamento para caminhadas e lê blogues de aventuras ao ar livre pode ser classificado como um entusiasta do ar livre. Os profissionais de marketing podem então direcionar para este utilizador anúncios relevantes de equipamento para caminhadas, equipamento de campismo e vestuário de exterior.

Além disso, a segmentação de anúncios com base em IA pode ir além das interacções online e incorporar dados offline e sinais contextuais. Por exemplo, a segmentação baseada na localização permite que os profissionais de marketing apresentem anúncios com base na localização física de um utilizador, como a sua proximidade de uma loja de retalho ou de um local de evento. Combinando fontes de dados online e offline, os algoritmos de IA podem criar campanhas publicitárias hiper-direccionadas que se repercutem nos consumidores no momento e local certos.

A personalização é outro aspeto crítico da publicidade eficaz no atual panorama digital. Os consumidores esperam experiências personalizadas adaptadas aos seus interesses, preferências e necessidades. Os algoritmos de IA desempenham um papel crucial na apresentação de conteúdos de anúncios personalizados que se adequam aos utilizadores individuais.

Através da otimização criativa dinâmica (DCO), os algoritmos de IA podem gerar anúncios criativos personalizados com base nos dados e preferências do utilizador. Por exemplo, um retalhista de comércio eletrónico pode gerar dinamicamente recomendações de produtos com base no histórico de navegação, no comportamento de compra e no perfil demográfico de um utilizador. Ao apresentar produtos relevantes que se alinham com os interesses do utilizador, a personalização de anúncios com IA pode aumentar significativamente o envolvimento e as taxas de conversão.

Além disso, os algoritmos de IA podem otimizar o fornecimento de anúncios em tempo real com base no feedback dos utilizadores e nas métricas de desempenho. Ao monitorizar continuamente o desempenho dos anúncios e ajustar os critérios de segmentação, as estratégias de licitação e os elementos criativos, os algoritmos de IA podem maximizar a eficácia das campanhas publicitárias e obter melhores resultados.

No entanto, é essencial encontrar um equilíbrio entre personalização e privacidade. Embora os consumidores valorizem experiências personalizadas, também dão prioridade à sua privacidade e à segurança dos dados. Os profissionais de marketing devem ser transparentes sobre como coletam e usam os dados dos consumidores e garantir a conformidade com os regulamentos de proteção de dados, como o Regulamento Geral de Proteção de Dados (GDPR) e a Lei de Privacidade do Consumidor da Califórnia (CCPA).

Criação e otimização de conteúdos com base em IA para uma maior visibilidade nos motores de busca

No cenário em constante evolução do marketing digital, a criação e a otimização de conteúdos são os pilares do sucesso, especialmente no domínio da visibilidade nos motores de busca. À medida que os algoritmos dos motores de busca se tornam cada vez mais sofisticados e centrados no utilizador, as empresas são obrigadas a adaptar as suas estratégias de conteúdo para se fazerem ouvir junto do seu público-alvo e, ao mesmo tempo, cumprirem os requisitos rigorosos dos motores de busca. Nesta procura, a IA surgiu como uma força transformadora, revolucionando a forma como o conteúdo é conceptualizado, criado e optimizado para obter a máxima visibilidade e impacto.

A criação de conteúdos baseada em IA engloba um espetro de tecnologias e técnicas concebidas para simplificar o processo de produção de conteúdos, melhorando simultaneamente a sua qualidade e relevância. No centro desta abordagem estão os algoritmos de aprendizagem automática que analisam grandes quantidades de dados para discernir padrões, tendências e preferências dos utilizadores. Ao tirar partido das capacidades de processamento da linguagem natural, os sistemas de IA podem gerar conteúdos que não só respeitam as regras gramaticais, como também imitam o estilo e o tom do texto de autoria humana.

Uma das aplicações mais notáveis da IA na criação de conteúdos é o desenvolvimento de assistentes de escrita automatizados e ferramentas de geração de conteúdos. Estas ferramentas utilizam algoritmos avançados para gerar artigos, publicações em blogues, descrições de produtos e outras formas de conteúdo com base em parâmetros predefinidos, como palavras-chave, dados demográficos do público-alvo e tom pretendido. Ao tirar partido da IA, as empresas podem produzir uma gama diversificada de conteúdos em grande escala, mantendo assim uma presença online consistente e satisfazendo as necessidades de informação do seu público.

Além disso, a criação de conteúdos orientados por IA facilita a personalização das experiências de conteúdo, permitindo que as empresas adaptem as suas mensagens a utilizadores individuais com base nas suas preferências, comportamentos e interacções anteriores. Através de sistemas dinâmicos de geração e recomendação de conteúdos, a IA pode fornecer recomendações de conteúdos personalizados em tempo real, aumentando as taxas de envolvimento, retenção e conversão. Este nível de personalização não só melhora a experiência do utilizador, como também promove ligações mais fortes entre as marcas e os seus públicos.

Para além de gerar novos conteúdos, a IA desempenha um papel fundamental na otimização dos conteúdos existentes para uma melhor visibilidade nos motores de busca. A otimização dos motores de busca continua a ser uma pedra angular da estratégia de marketing digital, e as ferramentas alimentadas por IA estão a remodelar a forma como os profissionais de SEO abordam a otimização de conteúdos. Os algoritmos de IA podem analisar vastos conjuntos de dados para identificar palavras-chave, tópicos e relações semânticas relevantes que se repercutem nos algoritmos dos motores de busca e na intenção do utilizador. Ao integrar estes conhecimentos nas estratégias de otimização de conteúdos, as empresas podem melhorar as suas classificações nos motores de busca e o tráfego orgânico.

Além disso, a otimização de conteúdos baseada em IA vai além da otimização de palavras-chave, abrangendo vários factores na página e fora da página que influenciam o desempenho dos motores de busca. Através da análise de sentimentos, os sistemas de IA podem avaliar a ressonância emocional do conteúdo e ajustar as mensagens em conformidade para evocar as reacções desejadas do público. Além disso, as ferramentas de auditoria de conteúdos com tecnologia de IA podem identificar áreas a melhorar, tais como ligações quebradas, conteúdos duplicados e formatação insuficiente, melhorando assim a qualidade geral e a relevância dos activos de conteúdos.

Talvez o mais notável seja o facto de a IA permitir a otimização preditiva de conteúdos, em que os algoritmos antecipam tendências futuras e preferências dos utilizadores para otimizar preventivamente os conteúdos para obter o máximo impacto. Ao analisar dados históricos, tendências de mercado e sinais sociais, os sistemas de IA podem prever tópicos emergentes, palavras-chave e formatos de conteúdo que provavelmente terão ressonância junto do público no futuro. Esta abordagem proactiva permite às empresas manterem-se à frente da curva e capitalizarem as oportunidades emergentes, mantendo assim uma vantagem competitiva no panorama digital.

No entanto, embora a criação e otimização de conteúdos com base na IA ofereçam um enorme potencial, também colocam certos desafios e considerações que as empresas têm de enfrentar. O principal deles são as implicações éticas dos conteúdos gerados por IA, particularmente no que respeita a questões de transparência, autenticidade e direitos de propriedade intelectual. À medida que os sistemas de IA se tornam cada vez mais hábeis a imitar a linguagem e o comportamento humanos, há uma necessidade crescente de directrizes e regulamentos claros para reger a sua utilização na criação de conteúdos.

Além disso, a dependência da IA na criação de conteúdos suscita preocupações quanto à deslocação de postos de trabalho e à desvalorização da criatividade e dos conhecimentos humanos. Embora a IA possa automatizar tarefas de rotina e simplificar processos, não pode replicar a compreensão matizada, a empatia e a criatividade que os humanos trazem para a criação de conteúdos. Por conseguinte, as empresas têm de encontrar um equilíbrio entre o aproveitamento da IA para aumentar as capacidades humanas e a preservação do valor intrínseco dos conteúdos de autoria humana.

A criação e otimização de conteúdos orientados para a IA representam uma mudança de paradigma na forma como as empresas abordam o marketing digital e a visibilidade nos motores de busca. Ao aproveitar o poder da IA, as empresas podem produzir conteúdo personalizado e de alta qualidade em escala, ao mesmo tempo que optimizam os activos de conteúdo existentes para obter o máximo impacto. No entanto, como a IA continua a remodelar o cenário digital, as empresas devem permanecer vigilantes para garantir o uso ético e preservar o papel essencial da criatividade humana na criação de conteúdo. Em última análise, a sinergia entre a IA e a experiência humana é a chave para desbloquear todo o potencial do marketing de conteúdos na era digital.

Racionalização do marketing dos motores de busca: Automação baseada em IA

No mundo do marketing digital, a eficiência é fundamental. Cada segundo conta na corrida para captar a atenção de potenciais clientes e conduzi-los à conversão. As tarefas de marketing nos motores de busca (SEM), como a pesquisa de palavras-chave, a otimização de anúncios e o acompanhamento do desempenho, podem ser demoradas e trabalhosas. No entanto, com o advento da IA, os profissionais de marketing têm agora acesso a ferramentas e plataformas poderosas que automatizam muitas destas tarefas, libertando tempo e recursos valiosos e maximizando os resultados.

A automação com base em IA no SEM está a revolucionar a forma como os profissionais de marketing abordam as suas campanhas. Ao aproveitar os recursos de aprendizado de máquina e análise de dados, essas ferramentas podem processar grandes quantidades de informações em tempo real, permitindo a tomada de decisões mais informadas e estratégias de otimização direcionadas.

Uma das principais áreas em que a automatização baseada em IA se destaca é na pesquisa e otimização de palavras-chave. Tradicionalmente, os profissionais de marketing passavam horas a pesquisar manualmente palavras-chave, a analisar o seu desempenho e a ajustar as suas campanhas em conformidade. No entanto, as ferramentas baseadas em IA podem agora simplificar este processo, identificando automaticamente palavras-chave relevantes com base no volume de pesquisa, na concorrência e na intenção do utilizador. Ao tirar partido de algoritmos avançados, estas ferramentas podem descobrir oportunidades ocultas e revelar informações valiosas que podem ter sido ignoradas manualmente.

Além disso, as plataformas baseadas em IA podem otimizar dinamicamente as campanhas publicitárias em tempo real, garantindo que os orçamentos são atribuídos de forma eficiente e que os anúncios são apresentados ao público mais relevante. Através da monitorização e análise contínuas das métricas de desempenho, estas ferramentas podem ajustar as estratégias de licitação, o texto do anúncio e os parâmetros de segmentação para maximizar o ROI e impulsionar as conversões. Este nível de automatização permite que os profissionais de marketing se concentrem em iniciativas estratégicas, em vez de ficarem atolados nas minúcias da gestão de campanhas.

Outra área em que a automatização baseada na IA está a ter um impacto significativo é a da criação e otimização de conteúdos. O conteúdo é rei no mundo do marketing digital, e a criação de conteúdo envolvente e de alta qualidade é essencial para gerar tráfego e envolvimento. No entanto, a criação de conteúdos apelativos pode ser um processo moroso. As ferramentas baseadas em IA podem ajudar os profissionais de marketing a gerar ideias de conteúdo, otimizar títulos e meta descrições e até gerar artigos completos ou publicações de blogues.

Além disso, a IA pode analisar o desempenho do conteúdo existente e identificar áreas a melhorar. Ao analisar métricas como as taxas de cliques, o tempo na página e as partilhas sociais, estas ferramentas podem fornecer informações accionáveis sobre como otimizar o conteúdo para um melhor desempenho. Esta abordagem iterativa à otimização de conteúdos garante que os profissionais de marketing estão constantemente a aperfeiçoar as suas estratégias para que estas ressoem junto do seu público-alvo.

Para além de simplificar as tarefas individuais, a automatização baseada em IA também oferece a vantagem da integração com outras plataformas e tecnologias de marketing. Ao utilizar APIs e integrações, os profissionais de marketing podem criar fluxos de trabalho contínuos que ligam sistemas e fontes de dados díspares, permitindo uma gestão e otimização de campanhas mais abrangentes. Por exemplo, as plataformas SEM com IA podem integrar-se com os sistemas de CRM (Customer Relationship Management) para compreender melhor o comportamento do cliente e adaptar as campanhas publicitárias em conformidade.

Apesar dos benefícios inegáveis da automação com IA no SEM, é essencial reconhecer que ela não está isenta de desafios. Uma das principais preocupações em torno da IA é o potencial de viés nos algoritmos. Sem a supervisão adequada e considerações éticas, as ferramentas baseadas em IA podem inadvertidamente perpetuar preconceitos ou discriminação existentes. É crucial que os profissionais de marketing estejam vigilantes na monitorização e auditoria dos algoritmos de IA para garantir a justiça e a equidade nas suas campanhas.

Além disso, o ritmo acelerado dos avanços tecnológicos significa que as ferramentas e plataformas baseadas em IA estão em constante evolução. Os profissionais de marketing devem ficar a par dos últimos desenvolvimentos em IA e SEM para permanecerem competitivos no cenário em constante mudança. A aprendizagem e a experimentação contínuas são essenciais para desbloquear todo o potencial da IA em SEM e manter-se à frente da curva.

A automação baseada em IA está a revolucionar o campo do marketing dos motores de busca, simplificando tarefas, optimizando campanhas e obtendo melhores resultados. Ao aproveitar o poder do aprendizado de máquina e da análise de dados, os profissionais de marketing podem alcançar níveis sem precedentes de eficiência e eficácia em seus esforços de SEM. No entanto, é essencial abordar a IA com cautela e considerações éticas, garantindo que ela seja usada de forma responsável e transparente.

CAPÍTULO 5

Tendências e desafios futuros no marketing dos motores de busca

Introdução

No cenário em constante evolução do marketing digital, a integração da IA surgiu como um fator de mudança, particularmente no domínio do marketing dos motores de busca (SEM). Como as tecnologias de IA continuam a avançar a um ritmo acelerado, o futuro do SEM está pronto para uma transformação sem precedentes.

Um dos aspectos mais atraentes do futuro da IA em SEM está na sua capacidade de revolucionar as percepções do consumidor e a precisão da segmentação. Com algoritmos alimentados por IA, os profissionais de marketing podem obter uma compreensão mais profunda de vastos conjuntos de dados, permitindo uma segmentação hiperpersonalizada com base no comportamento, nas preferências e na intenção do usuário. Os algoritmos de aprendizagem automática analisam as interacções dos utilizadores com uma precisão sem precedentes, permitindo que os profissionais de marketing adaptem as suas campanhas de SEM com uma precisão inigualável.

Além disso, o futuro da IA no SEM está intrinsecamente ligado à evolução da pesquisa por voz e das tecnologias de pesquisa visual. À medida que os assistentes activados por voz, como Siri, Alexa e Google Assistant, se tornam cada vez mais omnipresentes, é imperativo otimizar as estratégias de SEM para a pesquisa por voz. Os algoritmos de processamento de linguagem natural orientados por IA decifram as consultas de conversação, reformulando a pesquisa de palavras-chave e as estratégias de otimização de conteúdos. Da mesma forma, os avanços na pesquisa visual, alimentados por algoritmos de IA capazes de reconhecer imagens e objectos, oferecem novos caminhos para a otimização de SEM, particularmente no comércio eletrónico e nas indústrias centradas no visual.

Além disso, a integração da IA no SEM está preparada para simplificar os processos de gestão e otimização de campanhas. As ferramentas de automação baseadas em IA permitem que os profissionais de marketing automatizem tarefas repetitivas, como gerenciamento de lances, geração de textos de anúncios e análise de desempenho. Ao aproveitar os recursos preditivos dos algoritmos de aprendizado de máquina, os profissionais de marketing podem otimizar as campanhas de SEM em tempo real, maximizando o ROI e a eficiência.

No entanto, ao olharmos para o futuro da IA na SEM, é crucial reconhecer e abordar os potenciais desafios e considerações éticas. Uma preocupação premente é a questão do viés algorítmico, em que os algoritmos de IA podem inadvertidamente perpetuar ou exacerbar os vieses existentes nos dados em que são treinados. Os profissionais de marketing devem permanecer vigilantes para garantir justiça e equidade em suas estratégias de SEM baseadas em IA, empregando técnicas como anonimização de dados, amostragem diversificada de conjuntos de dados e transparência algorítmica.

Além disso, o futuro da IA no SEM exige adaptação e aprimoramento contínuos entre os profissionais de marketing. À medida que as tecnologias de IA continuam a evoluir, os profissionais de marketing devem cultivar uma cultura de aprendizagem e experimentação contínuas para se manterem a par das tendências emergentes e das melhores práticas. Investir em programas de educação e treinamento em IA será fundamental para desbloquear todo o potencial da IA em SEM e impulsionar a inovação nas estratégias de marketing digital.

O futuro da IA no marketing dos motores de busca é muito promissor, oferecendo oportunidades sem precedentes de segmentação, automatização e otimização de precisão. À medida que as tecnologias de IA continuam a avançar, os profissionais de marketing devem abraçar o potencial transformador da IA na reformulação das estratégias de SEM. Ao aproveitar os insights orientados por IA e as ferramentas de automação, os profissionais de marketing podem desbloquear novos níveis de eficiência, eficácia e ROI em suas campanhas de SEM. No entanto, é imperativo enfrentar os possíveis desafios e considerações éticas com vigilância e previsão, garantindo que a IA continue a ser uma força de mudança positiva no cenário do marketing digital.

Tendências emergentes no marketing dos motores de busca

No panorama dinâmico do marketing digital, manter-se à frente das tendências emergentes é crucial para as empresas manterem a sua vantagem competitiva. Três tendências significativas que têm vindo a ganhar força rapidamente nos últimos anos são a pesquisa por voz, a pesquisa visual e os chatbots alimentados por IA. Estas tendências estão a remodelar a forma como os utilizadores interagem com os motores de busca e as marcas, apresentando novas oportunidades e desafios para os profissionais de marketing.

Pesquisa por voz: A pesquisa por voz surgiu como um fator de mudança no mundo do marketing dos motores de busca. Com a crescente popularidade de assistentes virtuais como a Siri, a Alexa e o Assistente do Google, os utilizadores estão agora habituados a efetuar pesquisas utilizando a sua voz em vez de escreverem. A conveniência e a natureza mãos-livres da pesquisa por voz levaram à sua adoção generalizada em vários dispositivos, incluindo smartphones, colunas inteligentes e até automóveis.

Um dos principais factores subjacentes ao aumento da pesquisa por voz são os avanços na tecnologia de processamento de linguagem natural (PNL) e de reconhecimento de voz. Estes algoritmos baseados em IA permitem que os assistentes virtuais compreendam e interpretem as consultas dos utilizadores com maior precisão, apresentando resultados relevantes em tempo real. Consequentemente, os profissionais de marketing têm de otimizar o seu conteúdo para a pesquisa por voz, centrando-se em palavras-chave de conversação, frases de cauda longa e estratégias de SEO locais.

Pesquisa visual: A pesquisa visual é outra tendência emergente que está a revolucionar a forma como os utilizadores descobrem informações e produtos online. Ao contrário das tradicionais consultas de pesquisa baseadas em texto, a pesquisa visual permite aos utilizadores carregar uma imagem ou tirar uma fotografia para encontrar itens semelhantes ou informações relevantes. Esta tecnologia utiliza algoritmos de aprendizagem automática para analisar as características visuais de uma imagem e obter resultados correspondentes na Web.

O aumento da pesquisa visual pode ser atribuído à crescente sofisticação dos algoritmos de reconhecimento de imagem e à crescente popularidade de plataformas de redes sociais como o Pinterest e o Instagram, que integraram a funcionalidade de pesquisa visual nas suas plataformas. Desde a procura de produtos com base numa fotografia até à identificação de pontos de referência ou obras de arte, a pesquisa visual oferece infinitas possibilidades para os utilizadores explorarem e descobrirem novos conteúdos.

Para os profissionais de marketing, a pesquisa visual apresenta uma oportunidade única para melhorar a capacidade de descoberta dos seus produtos e serviços. Ao otimizar as imagens com texto alternativo descritivo, metadados e marcação de esquema, as empresas podem melhorar a sua visibilidade nos resultados da pesquisa visual e atrair potenciais clientes que preferem a navegação visual à pesquisa tradicional baseada em texto.

Chatbots com IA: Os chatbots alimentados por IA tornaram-se omnipresentes no mundo do serviço ao cliente e da comunicação online. Estes assistentes virtuais utilizam a inteligência artificial e o processamento de linguagem natural para interagir com os utilizadores em tempo real, fornecendo assistência personalizada, respondendo a questões e orientando-os ao longo das várias fases do percurso do cliente. Quer se trate de resolver as dúvidas dos clientes, recomendar produtos ou ajudar nas transacções, os chatbots oferecem uma forma eficiente e sem falhas para as empresas interagirem com o seu público.

A adoção de chatbots com IA é impulsionada pela crescente procura de gratificação instantânea e experiências personalizadas. Os clientes esperam respostas rápidas e apoio 24 horas por dia, e os chatbots permitem que as empresas satisfaçam estas expectativas, reduzindo os custos operacionais e melhorando a eficiência. Além disso, os chatbots podem recolher informações e dados valiosos das interacções dos utilizadores, permitindo aos profissionais de marketing compreender melhor as preferências e o comportamento dos clientes.

A incorporação de chatbots nas estratégias de marketing pode ajudar as empresas a otimizar a geração de leads, a cultivar relações e a impulsionar conversões. Ao tirar partido dos algoritmos de IA para analisar os dados do utilizador e prever a intenção do utilizador, os chatbots podem fornecer mensagens e recomendações direccionadas e adaptadas a cada utilizador individual, melhorando, em última análise, a experiência geral do cliente e impulsionando o crescimento do negócio.

A pesquisa por voz, a pesquisa visual e os chatbots com IA são três tendências emergentes que estão a remodelar o panorama do marketing dos motores de busca. Estas tecnologias são impulsionadas por avanços na inteligência artificial, na aprendizagem automática e no processamento de linguagem natural, permitindo às empresas interagir com o seu público de formas mais personalizadas e interactivas. Ao adoptarem estas tendências e adaptarem as suas estratégias em conformidade, os profissionais de marketing podem manter-se à frente da curva e capitalizar as oportunidades apresentadas pelo ecossistema digital em evolução.

Desafios e considerações éticas no marketing dos motores de busca alimentado por IA

À medida que a IA continua a revolucionar vários sectores, a sua integração no marketing dos motores de busca traz uma miríade de desafios e considerações éticas. Embora a IA ofereça oportunidades inigualáveis para melhorar as campanhas de SEM com algoritmos avançados e automação, ela também levanta preocupações em relação à privacidade, transparência, preconceito e uso ético dos dados.

Um dos principais desafios do SEM baseado em IA é o potencial de enviesamento algorítmico. Os algoritmos de IA dependem de grandes quantidades de dados para fazer previsões e tomar decisões, mas se esses dados forem distorcidos ou contiverem vieses inerentes, podem levar a resultados discriminatórios. Por exemplo, conjuntos de dados tendenciosos podem fazer com que certos dados demográficos sejam injustamente direcionados ou excluídos das campanhas de SEM, perpetuando desigualdades e reforçando estereótipos. Os profissionais de marketing devem estar atentos para identificar e mitigar o viés em seus algoritmos de IA para garantir práticas de publicidade justas e inclusivas.

A transparência é outra preocupação crítica no SEM baseado em IA. À medida que os algoritmos de IA se tornam cada vez mais complexos e opacos, pode ser difícil para os profissionais de marketing entender como as decisões estão sendo tomadas e por que certos anúncios estão sendo priorizados em relação a outros. A falta de transparência não só mina a confiança entre os profissionais de marketing e os consumidores, mas também levanta questões sobre a prestação de contas e a responsabilidade. Para enfrentar este desafio, os profissionais de marketing devem esforçar-se por adotar modelos de IA transparentes que forneçam informações sobre os processos de tomada de decisão e permitam um maior escrutínio e supervisão.

A privacidade é uma consideração ética fundamental na SEM baseada em IA. Com a proliferação de tecnologias de coleta de dados e o uso generalizado de algoritmos de personalização, há uma apreensão crescente sobre o uso indevido de dados do consumidor e a erosão dos direitos de privacidade. Os profissionais de marketing devem manter normas de privacidade rigorosas e aderir aos requisitos regulamentares, como o Regulamento Geral de Proteção de Dados (RGPD), para salvaguardar os dados dos consumidores e garantir práticas de dados transparentes. Além disso, os profissionais de marketing devem dar prioridade à obtenção do consentimento explícito dos utilizadores antes de recolherem ou utilizarem as suas informações pessoais para fins de SEM.

A utilização ética da IA no SEM também inclui considerações relacionadas com a confiança e o envolvimento do utilizador. À medida que os algoritmos de IA se tornam mais hábeis a prever o comportamento e as preferências dos utilizadores, existe o risco de personalização excessiva e de intrusão nas experiências online dos utilizadores. Os profissionais de marketing devem encontrar um equilíbrio entre a apresentação de conteúdos relevantes e o respeito pela privacidade e autonomia dos utilizadores. Isto implica respeitar as preferências dos utilizadores relativamente à recolha e personalização de dados, bem como fornecer mecanismos claros de auto-exclusão aos utilizadores que pretendam limitar a sua exposição a publicidade direccionada.

Além disso, a automatização das tarefas de SEM através da IA levanta preocupações sobre a deslocação de empregos e o futuro do trabalho. Embora a automação impulsionada pela IA possa simplificar os processos e aumentar a eficiência, ela também tem o potencial de eliminar as funções tradicionais de marketing e agravar o desemprego. Os profissionais de marketing devem antecipar estas mudanças no mercado de trabalho e investir em iniciativas de requalificação e melhoria de competências para garantir que os trabalhadores estão equipados com as competências necessárias para prosperar numa economia alimentada por IA. Além disso, os formuladores de políticas e as partes interessadas do setor devem colaborar para desenvolver estratégias para mitigar o impacto negativo da automação no emprego e promover uma força de trabalho mais inclusiva e equitativa.

Estratégias para prosperar no cenário de pesquisa orientado por IA

No domínio do marketing digital, a integração da IA revolucionou a forma como as empresas abordam a otimização para motores de busca (SEO) e o marketing para motores de busca (SEM). Com os algoritmos orientados para a IA a remodelarem constantemente as páginas de resultados dos motores de busca (SERPs) e o comportamento dos consumidores, manter-se à frente da curva é essencial para as empresas que pretendem manter a sua vantagem competitiva.

Tomada de decisões com base em dados: Um dos pilares fundamentais do sucesso no cenário de pesquisa orientado pela IA é o aproveitamento eficaz dos dados. As ferramentas de análise baseadas em IA fornecem às empresas informações valiosas sobre o comportamento, as preferências e as tendências dos consumidores. Ao analisar grandes quantidades de dados, os profissionais de marketing podem identificar padrões, prever tendências futuras e tomar decisões informadas sobre suas estratégias de SEO e SEM. Desde a pesquisa de palavras-chave até à segmentação do público-alvo, a tomada de decisões orientada por dados permite às empresas otimizar as suas campanhas para obter o máximo impacto.

Adotar ferramentas e tecnologias baseadas em IA: Na era da pesquisa orientada por IA, as empresas devem adotar ferramentas e tecnologias alimentadas por IA para simplificar os seus esforços de SEO e SEM. Desde plataformas automatizadas de criação de conteúdos a ferramentas de análise preditiva, existe uma vasta gama de soluções baseadas em IA disponíveis para os profissionais de marketing. Estas ferramentas não só poupam tempo e recursos, como também permitem às empresas otimizar as suas campanhas com maior precisão e eficiência. Ao integrar a IA nos seus fluxos de trabalho, as empresas podem manter-se à frente da curva e capitalizar as oportunidades emergentes no panorama da pesquisa.

Personalização em escala: A IA permite que os profissionais de marketing ofereçam experiências personalizadas aos consumidores em grande escala. Ao analisar o comportamento e as preferências do utilizador, os algoritmos de IA podem adaptar conteúdos, anúncios e ofertas a utilizadores individuais, aumentando o envolvimento e as taxas de conversão. A personalização não só melhora a experiência do utilizador, como também constrói a lealdade à marca e impulsiona relações de longo prazo com os clientes. Ao investirem em estratégias de personalização baseadas em IA, as empresas podem diferenciar-se no panorama de pesquisa lotado e impulsionar o crescimento sustentável.

Mantenha-se a par das actualizações de algoritmos: No cenário de pesquisa orientado pela IA, os algoritmos dos motores de busca estão em constante evolução para fornecer resultados mais relevantes e precisos aos utilizadores. Os profissionais de marketing devem manter-se a par destas actualizações de algoritmos e adaptar as suas estratégias em conformidade. Ao monitorizar as notícias do sector, participar em conferências e interagir com a comunidade SEO, as empresas podem manter-se à frente das alterações dos algoritmos e ajustar as suas tácticas para manter a sua visibilidade na pesquisa. A flexibilidade e a agilidade são fundamentais para navegar no cenário de pesquisa dinâmico moldado pela IA.

Investir na aprendizagem e experimentação contínuas: Com a IA a impulsionar a rápida inovação no marketing de pesquisa, a aprendizagem e a experimentação contínuas são essenciais para o sucesso. Os profissionais de marketing devem investir em formação e educação contínuas para se manterem actualizados sobre as últimas tendências, tecnologias e melhores práticas na pesquisa orientada para a IA. Além disso, as empresas devem incentivar uma cultura de experimentação, testar novas estratégias e medir o seu impacto para identificar o que funciona melhor para os seus objectivos e público-alvo específicos. Ao promover uma cultura de aprendizagem e inovação, as empresas podem adaptar-se ao cenário de pesquisa em evolução e manter-se à frente da concorrência.

Foco na experiência e intenção do utilizador: Os algoritmos de IA dão prioridade à experiência e à intenção do utilizador quando apresentam resultados de pesquisa. Os profissionais de marketing devem alinhar as suas estratégias de SEO e SEM com as expectativas dos utilizadores, concentrando-se em fornecer conteúdos valiosos e relevantes que satisfaçam as consultas dos utilizadores. Ao compreenderem a intenção do utilizador e ao fornecerem conteúdos de elevada qualidade e autoridade, as empresas podem melhorar as suas classificações de pesquisa e impulsionar o tráfego orgânico. Além disso, a otimização do desempenho do sítio Web, a compatibilidade com dispositivos móveis e a velocidade de carregamento da página são factores cruciais para melhorar a experiência do utilizador e maximizar a visibilidade na pesquisa.

Prosperar no cenário de pesquisa orientado por IA requer uma abordagem proativa, aproveitando insights orientados por dados, adotando tecnologias baseadas em IA, personalizando experiências, mantendo-se a par das atualizações de algoritmos, investindo em aprendizado e experimentação contínuos e priorizando a experiência e a intenção do usuário.

BIBLIOGRAFIA

1. Yuniarthe, Y. (2017, setembro). Aplicação da inteligência artificial (IA) na otimização de motores de busca (SEO). Em 2017, conferência internacional sobre computação suave, sistema inteligente e tecnologia da informação (ICSIIT) (pp. 96-101). IEEE.

2. Dumitriu, D., & Popescu, M. A. M. (2020). Soluções de inteligência artificial para marketing digital. Procedia Manufacturing, 46, 630-636.

3. Gkikas, D. C., & Theodoridis, P. K. (2019). Impacto da inteligência artificial (IA) na pesquisa de marketing digital. Em Marketing Estratégico Inovador e Turismo: 7° ICSIMAT, Riviera Ateniense, Grécia, 2018 (pp. 1251-1259). Springer International Publishing.

4. Theodoridis, P. K., & Gkikas, D. C. (2019). Como a inteligência artificial afeta o marketing digital. Em Marketing Estratégico Inovador e Turismo: 7° ICSIMAT, Riviera Ateniense, Grécia, 2018 (pp. 1319-1327). Springer International Publishing.

5. Rathore, B. (2016). Uso de marketing alimentado por IA para avançar as estratégias de SEO para classificações ideais do mecanismo de pesquisa. Eduzone: Revista Internacional Multidisciplinar Revisada por Pares/Refereed, 5(1), 30-35.

6. Van Esch, P., & Stewart Black, J. (2021). Inteligência artificial (IA): revolucionando o marketing digital. Australasian Marketing Journal, 29(3), 199-203.

7. Olson, C., & Levy, J. (2018). Transformando o marketing com inteligência artificial. Applied Marketing Analytics, 3(4), 291-297.

8. Haleem, A., Javaid, M., Qadri, M. A., Singh, R. P., & Suman, R. (2022). Aplicações de inteligência artificial (IA) para marketing: Um estudo baseado na literatura. International Journal of Intelligent Networks, 3, 119-132.

9. Huang, M. H., & Rust, R. T. (2021). Uma estrutura estratégica para inteligência artificial em marketing. Jornal da Academia de Ciências de Marketing, 49, 30-50.

10. Nyagadza, B. (2022). Search engine marketing and social media marketing predictive trends. Journal of Digital Media & Policy, 13(3), 407-425.

11. Sterne, J. (2017). Inteligência artificial para marketing: aplicações práticas. John Wiley & Sons.

12. Wisetsri, W. (2021). Análise sistemática e direcções de investigação futuras em inteligência artificial para marketing. Jornal Turco de Educação em Informática e Matemática (TURCOMAT), 12(11), 43-55.

Printed by Books on Demand GmbH, Norderstedt / Germany